乙級汽車修護技能檢定術科題庫寶典

黃志仁、洪敬閔、謝國慶、鄭永成、戴良運　編著

增修試題

全華圖書股份有限公司

　　由於政府大力推行證照制度，所以從高中職校就開始推展丙級檢定。但社會產界要求須具備一定實務水準上，通過丙級學生就期望能夠再上一層樓通過乙級檢定。綜觀【汽車修護職類】乙級相關參考書籍不多，行政院勞發署於民國 100 年 11 月又修訂檢定辦法，為了使想參加檢定學生及有志取得汽車修護乙級技術士之社會人士，能有一本好的參考工具書，故作者群憑著舉辦【汽車修護職類】乙級檢定準備場地時的經驗，以及在學校教授學生的實務共同撰寫本書籍，期望能對汽車維修產業界盡一份微薄心力。

　　本書是根據行政院勞動部公告技術士技能檢定最新 104 年度『汽車修護職類乙級技術士技能檢定術科測試試題』規範編撰而成。內容共分五站，包含有第一站檢修汽油引擎、第二站檢修柴油引擎、第三站檢修汽車底盤、第四站檢修汽車電系、第五站全車綜合檢修。每題皆有其操作步驟、實作圖片、廠家規範、及其注意事項等，若讀者能按其步驟並多加以練習必對其通過檢定能有很大助益。

　　本書皆利用課餘及假日時間完成，雖力求謹慎完善，但仍恐有所疏漏，期望各界先進惠予指正，使本書能更臻完善。

作者 謹誌

目 錄

術科解析

壹、汽車修護乙級技術士技能檢定術科測試術科試題使用說明

一、汽車修護乙級技術士技能檢定術科測試試題(以下簡稱「本試題」)使用注意事項：

(一) 本試題依汽車修護乙級技術士技能檢定規範命製。

(二) 術科測試承辦單位使用本試題，其檢定設備及場地設施均應經主管機關評鑑合格。

(三) 本檢定試題共 1 套，由勞動部勞動力發展署技能檢定中心於檢定前，將本套試題寄送術科測試承辦單位。

(四) 本檢定總分在 60 分(含)以上者評為及格，未達 60 分者則評不及格，但各檢定站評審表內有評定缺考、棄考或得零分之任何記錄之一者，即使總分達到 60 分亦評為不及格。

二、本試題抽題方式如下：

(一) 各站試題故障項目採模組化方式命製，每站各命製四組故障項目群組，於應檢當場次抽出其中一組，交由承辦單位及監評人員依該群組試題規定設置故障項目。

(二) 測試前由應檢人推薦代表 1 名，由抽題系統抽籤決定每位應檢人(含遲到及缺席者)組別及各站應檢試題/工作崗位編號，並登錄於簽到表及評審總表中，抽題完成後應檢人即至各站實施測試。

(三) 抽題規則如下：

　　1. 檢定試題共計 5 站，每位應檢人僅需測試其中 4 站。即測試當日將應檢人 20 人分為五組，每組 4 人；若應檢人數 10(含)人以下亦分為五組，每組至多 2 人。

　　2. 第一站(檢修汽油引擎)：本站共設 5 個應檢工作崗位依序編號，應檢人依抽出之工作崗位編號應考。

　　3. 第二站(檢修柴油引擎)：本站共設 5 個應檢工作崗位依序編號，應檢人依抽出之工作崗位編號應考。

　　4. 第三站(檢修汽車底盤)：本站共有 4 題，應檢人依抽出之試題應考。

　　5. 第四站(檢修汽車電系)：本站共有 4 題，應檢人依抽出之試題應考。

　　6. 第五站(全車綜合檢修)：本站共設 5 個應檢工作崗位依序編號，應檢人依抽出之工作崗位編號應考。

三、檢定術科測試承辦單位使用本試題應配合事項。

(一) 在辦理術科測試前，應將本試題使用說明中之「檢定場地主要設備表」(P1-4)依表格內容項目填妥後連同術科測試通知單、術科測試應檢參考資料(試題第二部分)於檢定 30 天前寄給應檢人，應檢人於術科測試時得攜帶使用應檢參考資料。

(二) 術科測試承辦單位應於聘請監評人員通知監評工作時，將全套試題及「檢定場地主要設備表」寄給各監評人員，俾供參考用。

(三) 術科測試承辦單位印製試題應注意事項：

　　1. 全套試題印製 2 份，一份在檢定當天交給監評長，一份分拆交給各該站負責之監評人員使用。

2. 各站評審表數量均相同,請依檢定人數計算每人印製一份,評審總表則交給監評長。

3. 答案紙部分格式依各題有所不同,例如:某站設置三個題目且都有答案紙,則該站答案紙各題之印製份數均依檢定人數的 1/3 計算。

貳、汽車修護乙級技術士技能檢定術科測試應檢人須知

一、應檢人應依照規定時間、地點報到，逾期未到，則以棄權論，取消檢定資格。

二、應檢人報到時得攜帶術科測試應檢參考資料、並於各站應檢時參考使用。

三、檢定項目、應檢時間與成績配分：(本級檢定共分 5 站，應檢 4 站)

站別	檢定項目	操作測試時間	成績配分
第一站	檢修汽油引擎	30 分鐘	25 分
第二站	檢修柴油引擎	30 分鐘	25 分
第三站	檢修汽車底盤	30 分鐘	25 分
第四站	檢修汽車電系	30 分鐘	25 分
第五站	全車綜合檢修	30 分鐘	25 分
註記：本試題總應檢時間含操作測試、應檢人各站基本資料填寫、閱讀試題、故障設置、修護資料查閱及填寫、應檢設備恢復、應檢人各站輪動、成績統計及登錄等合計至少需 210 分鐘。			

四、及格標準

  (一) 各站評審表之工作技能每一單項配分以二分法評分(即得滿分或零分)。

  (二) 各站評審表之作業程序及工作安全與態度均應依評審表現規定評分。「作業程序、工作安全與態度(扣分項)」如有扣分，則應將其事實記錄於「扣分備註」欄內，以備事後查閱。

  (三) 檢定結果總分在 60 分(含)以上者評為及格，未達 60 分者則評不及格，但各檢定站評審表內有評定缺考、棄考或得零分之任何記錄之一者，即使總分達到 60 分亦評為不及格。

五、術科辦理單位依時間配當表辦理抽題，並將電腦設置到抽題操作界面，會同監評人員、應檢人，全程參與抽題，處理電腦操作及列印簽名事項。應檢人依抽題結果進行測試，遲到者或缺席者不得有異議。

六、應檢人應攜帶檢定單位指定物品(如准考證、所寄發之術科應檢參考資料)到站檢定外，其他物品（如數位電錶、工具、設備、器材等）一律不得攜帶進入檢定站。

七、應檢人損壞檢定用工具、儀器、設備情節較重者，由監評人員報請監評長會同術科測試承辦單位處理(賠償及取消檢定資格等事宜)。

八、應檢人在檢定中受傷或傷害到他人時，由監評人員報請監評長會同術科測試承辦單位處理(送醫、報案備查、取消檢定資格等事宜)。

九、本試題參照汽車修護乙級技術士技能檢定規範命製。

參、汽車修護乙級技術士技能檢定術科測試檢定場地主要設備表

(術科測試承辦單位填寫後、應於檢定 30 天前寄給應檢人、監評人員)

檢定項目	檢定用汽車、引擎或組件廠牌、型式	檢定用主要設備廠牌、型式
第一站：檢修汽油引擎		
第二站：檢修柴油引擎		
第三站：檢修汽車底盤	第一題： 第二題： 第三題： 第四題： 備用車輛：	
第四站：檢修汽車電系	第一題： 第二題： 第三題： 第四題： 備用車輛：	
第五站：全車綜合檢修		

說明：1. 由術科承辦單位填寫後寄給應檢人、監評人員。

　　　2. 備份之設備、汽車、引擎之廠牌型式以 1～2 種原則。

術科承辦單位：＿＿＿＿＿＿＿＿＿＿(印)

肆、汽車修護乙級技術士技能檢定術科測試評審總表

| 姓　　名： | 檢定日期： | 總評 | □及　格 |
| 檢定編號： | 監評長簽名： | | □不及格 |

應檢站別	應檢試題/工作崗位號	站別	試題	配　分	得　分	監評人員簽　　名
		第一站	檢修汽油引擎	25	分	
		第二站	檢修柴油引擎	25	分	
		第三站	檢修汽車底盤	25	分	
		第四站	檢修汽車電系	25	分	
		第五站	全車綜合檢修	25	分	
總				分	分	

說明：
1. 抽題方式：由應檢人推薦代表 1 人，自抽籤系統中抽題決定當場次每位應檢人應檢站別、應檢試題/工作崗位號，並由抽籤系統列印抽題結果。
2. 抽題完成後即分配好當場次所有應檢人應檢站別及各站應檢試題/工作崗位號，於抽題程序完成後或測試開始 15 分內進場之應檢人，需依抽題結果應試，不得異議。
3. 本檢定試題共計 5 站，所抽中之應檢站別，分別以"✓"登錄應檢站別欄位，並由應檢人依序至 4 站中應檢。
4. 各應檢人站別應檢操作程序，得依承辦術科場地調整調度。
5. 各站配分如上表，各站得分依各檢定站評審表登錄。
6. 總評總分在 60 分(含)以上者評為及格，未達 60 分者則評不及格，但各檢定站評審表內有評定缺考、棄考或得零分之任何記錄之一者，即使總分達到 60 分亦評為不及格。

伍、汽車修護乙級技術士技能檢定術科測試試題

一、題目：檢修汽油引擎

二、使用車輛介紹：

1. 第一題：檢修汽油引擎
2. 廠牌／車型：Nissan sentra 180(N16)
3. 年　　份：2002
4. 排氣量：1800 C.C.

三、修護手冊使用介紹：

（一）Nissan sentra180 修護手冊

四、使用儀器／工具說明：

（一）電腦診斷儀器(V70)

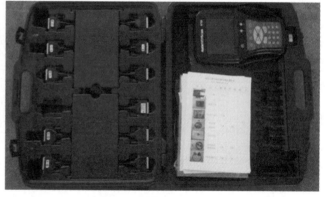

Auto Data Scan V70 具有以下的功能：

1. 讀故障碼：可將車輛的故障碼讀出，並顯示故障碼說明，以便維修。
2. 清故障碼：維修完成後將原來車輛的故障碼清除。
3. 數值分析：可了解車輛各部數值變化情形，如：水溫、RPM 等…。
4. 作動測試：可對車輛的機件做模擬作動。
5. 保養歸零：車輛保養完後，需做保養歸零，完成保養動作。
6. 控制單元調整：可調整怠速，點火正時…。
7. 晶片防盜：可複製鑰匙，晶片電腦解除、同步。
8. 調適清除：針對更換零件後清除電腦對該零件之補償。

＃以上功能針對不同車種將有所不同。

(二) 燃油壓力錶(檢定前，場地承辦已安裝好)

汽油供油壓力過低的問題，會有引擎無力、引擎抖動的困擾。它唯一的偵測辦法，是使用汽油壓力錶量測供油系統的實際供油壓力。

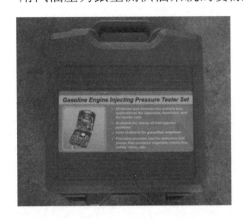 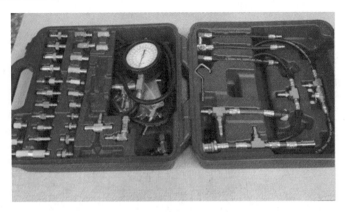

(三) 真空槍

檢查及測試各種真空控制器、作動器、閥門以及感知器，也適用檢查進氣歧管的真空度及其他真空控制系統。

 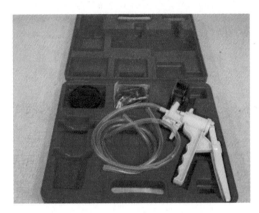

(四) 真空壓力錶

真空錶大都是安裝在進氣歧管上，錶上所量測出來的真空值就是歧管的真空值。歧管的真空值可以偵測引擎的狀況。當活塞跟汽缸運作時，汽缸內會產生吸力，而這個吸力就是歧管的真空壓力(負值)。其實真空錶就是引擎的狀況監測器，引擎的密封程度就可以從這具儀錶上來判讀，當引擎車在怠速時的負壓會維持在某個範圍之內，要是有變動的話就表示可能有某種程度的耗損(漏氣)。

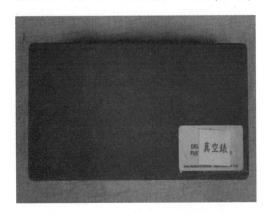 

伍、汽車修護乙級技術士技能檢定術科測試試題

(發應檢人、監評人員)

(本站在應試現場由監評人員會同應檢人，從應檢工作崗位中任抽一工作崗位應考)

一、題目：檢修汽油引擎

二、說明：

(一) 應檢人檢定時之基本資料填寫、閱讀試題、發問及工具準備時間為 5 分鐘，操作測試時間為 30 分鐘，另操作測試時間結束後資料查閱、答案紙填寫(限已完成之工作項目內容)及工具／設備／護套歸定位時間為 5 分鐘。

(二) 使用提供之工具、儀器(含診斷儀器、使用手冊)、修護手冊及電路圖由應檢人依修護手冊內容檢修 2 項故障項目，並完成答案紙指定之 2 項測量項目工作。

(三) 檢查結果如有不正常，依修護手冊內容檢修至正常或調整至廠家規範。

(四) 依據故障情況，應檢人必須事先填寫領料單後，方可向監評人員提出更換零件或總成之請求，領料次數最多 5 項次。

(五) 規定測試時間結束或提前完成工作，應檢人須將已經修復之故障檢修項目及測量項目值填寫於答案紙上，填寫測量項目實測值時，須請監評人員確認。

註 故障檢修時單一故障可能會造成多重故障碼顯示，仍須視為同一個故障項目。

(六) 電路線束不設故障，所以不准拆開，但接頭除外。

(七) 為保護檢定場所之電瓶及相關設備，起動引擎每次不得超過 10 秒鐘，再次起動時必須間隔 5 秒鐘以上，且不得連續起動 2 次以上。

(八) 應檢前監評人員應先將診斷儀器連線至檢定車輛，並確認其通訊溝通正常，車輛與儀器連線後之畫面應進入到診斷儀器之起始功能選擇項頁面。

(九) 應檢中應檢人可要求指導使用診斷儀器至起始功能選擇項頁面，但操作測試時間不予扣除。

三、評審要點：

(一) 操作測試時間：30 分鐘。測試時間終了，經監評人員制止仍繼續操作者，則該項工作技能項目之成績不予計分。

(二) 技能標準：如評審表工作技能項目。

(三) 作業程序及工作安全與態度(本項為扣分項目)：如評審表作業程序及工作安全與態度各評審項目。

伍、汽車修護乙級技術士技能檢定術科測試試題

第1站　檢修汽油引擎　　　　　　　答案紙(一)　　　　　　(發應檢人)(第1頁共3頁)

姓　　名：＿＿＿＿＿＿＿　　　檢定日期：＿＿＿＿＿＿＿　　監評人員簽名：＿＿＿＿＿＿

檢定編號：＿＿＿＿＿＿＿　　　題號／崗位：＿＿＿＿＿＿＿

(一)　填寫檢修結果

說明：1. 答案紙填寫方式依現場修護手冊或診斷儀器用詞或內容，填寫於各欄位。

　　　2. 檢修內容之現象、原因及操作程序3項皆須正確，該項次才予計分。

　　🛈 故障檢修時單一故障可能會造成多重故障碼顯示，仍須視為同一個故障項目。

　　　3. 檢修內容不正確，則處理方式不予評分。

　　　4. 處理方式填寫及操作程序2項皆須正確，該項才予計分。處理方式必須含零件名稱

　　　　(例：更換水溫感知器、調整...、清潔...、修護...、鎖緊等)。

　　　5. 未完成之工作項目，填寫亦不予計分。

項次	故障項目 (應檢人填寫)			評審結果(監評人員填寫)			
				操作程序		合格	不合格
				正確	錯誤		
1	檢修內容	現象					
		原因					
	處理方式						
2	檢修內容	現象					
		原因					
	處理方式						

故障設置項目：(由監評人員於應檢人檢定結束後填入)

故障項目項次 1.＿＿＿＿＿＿＿＿＿＿＿＿＿＿

故障項目項次 2.＿＿＿＿＿＿＿＿＿＿＿＿＿＿

伍、汽車修護乙級技術士技能檢定術科測試試題

第 1 站　檢修汽油引擎　　　　　　答案紙(二)　　　　　　(發應檢人)(第 2 頁共 3 頁)

姓　　名：＿＿＿＿＿＿＿　　　檢定日期：＿＿＿＿＿＿＿　　監評人員簽名：＿＿＿＿＿＿

檢定編號：＿＿＿＿＿＿＿　　　題號／崗位：＿＿＿＿＿＿＿

(二)　填寫測量項目結果

說明：1. 應檢前，由監評人員依修護手冊內容，指定與本站應檢試題相關之兩項測量項目，事先於應檢前填入答案紙之測量項目欄，供應檢人應考。

　　　2. 標準值以修護手冊之規範為準。應檢人填寫標準值時應註明修護手冊之頁碼。

　　　3. **應檢人填寫實測值時，須請監評人員當場確認，否則不予計分。**

　　　4. 標準值、手冊頁碼、實測值及判斷 4 項皆須填寫正確，且實測值誤差值在該儀器或量具之要求精度內，該項才予計分。

　　　5. 未註明單位者不予計分。

項次	測量項目 (含測試條件) (監評人員事先填寫)	測量結果(應檢人填寫)				評審結果(監評人員填寫)		
		標準值	手冊頁碼	實測值 (含單位)	判斷	實測值 (含單位)	合格	不合格
1					□ 正　　常 □ 不 正 常			
2					□ 正　　常 □ 不 正 常			

伍、汽車修護乙級技術士技能檢定術科測試試題

第 1 站　檢修汽油引擎　　　　　　答案紙(三)　　　　　(發應檢人)(第 3 頁共 3 頁)

姓　　名：＿＿＿＿＿＿＿　檢定日期：＿＿＿＿＿＿＿　監評人員簽名：＿＿＿＿＿＿＿

檢定編號：＿＿＿＿＿＿＿　題號／崗位：＿＿＿＿＿＿＿

(三)　領料單

說明：1. 應檢人應依據故障情況必須先填妥領料單後，向監評人員要求領取所要更換之零件或總成(監評人員確認領料單填妥後，決定是否提供應檢人零件或總成)。

　　　2. 應檢人填寫領料單後，要求更換零件或總成，若要求更換之零件或總成錯誤(應記錄於備註評審結果欄)，每項扣 2 分。

　　　3. 領料次數最多 5 項次。

項次	零件名稱(應檢人填寫)	數量(應檢人填寫)	評審結果(監評人員填寫)
1			☐　正　確 ☐　錯　誤
2			☐　正　確 ☐　錯　誤
3			☐　正　確 ☐　錯　誤
4			☐　正　確 ☐　錯　誤
5			☐　正　確 ☐　錯　誤

伍、汽車修護乙級技術士技能檢定術科測試試題

一、題目：檢修汽油引擎

二、說明：

(一) 監評人員請先閱讀應檢人試題說明，並要求應檢人應檢前先閱讀試題，再依試題說明操作。

(二) 請先檢查工具、儀器、設備及相關修護(使用)手冊是否齊全。

(三) 本站共設置 5 個應檢工作崗位執行應檢。

(四) 本站共設有 4 個故障群組，每個群組涵蓋：

    (1) 進氣系統

    (2) 點火系統

    (3) 燃油系統

    (4) 電子控制系統等 4 個系統。

(五) 本站共設有 5 個工作崗位(內含一個備用)，每個工作崗位設置 2 項故障，監評人員依檢定現場設備狀況並考量 30 分鐘應檢時間限制，依監評協調會抽出之群組組別，選擇適當之故障 2 項，2 項故障設置以不同一系統為原則，惟得依檢定現況隨時更改故障項目。

(六) 設置故障時，若無相對之 OBDII 故障碼，請按故障內容依原廠之故障碼內容設置故障；故障設置前，須先確認設備正常無誤後，再設置故障。

  註 設置之單一故障可能會造成多重故障碼顯示，仍須視為同一個故障項目。

(七) 本站測量項目共設有 2 項，應檢前由監評人員依修護手冊內容，指定與應檢試題相關之兩項測量項目，填入答案紙之測量項目欄，供應檢人應考(測量項目僅就引擎靜態或動態相關數據指定，並且不得與故障設置項目重複)。

(八) 告知應檢人填寫實測值時，須請監評人員當場確認，否則不予計分。

故障設置群組

	故障項目	群組一	群組二	群組三	群組四
進氣系統	1. 節氣門前端(空氣流量計後端)進氣軟管漏氣	✓			
	2. 進氣歧管真空管路漏氣		✓		
	3. EGR 故障			✓	
	4. 怠速控制閥故障				✓
點火系統	1. 火星塞故障	✓			
	2. 點火線圈功率晶體故障		✓		
	3. 點火線圈功率晶體控制端故障			✓	
	4. 點火線圈電源電路故障				✓
	5. 高壓線不良	✓			

	故障項目	群組一	群組二	群組三	群組四
燃油系統	1. 汽油泵故障(馬達損壞)		✓		
	2. 汽油泵故障(單向閥故障)			✓	
	3. 汽油泵繼電器故障				✓
	4. 汽油泵保險絲斷路	✓			
	5. 油壓調節器故障		✓		
	6. 燃油軟管彎折阻塞			✓	
	7. 噴油嘴故障				✓
	8. 噴油嘴故障(油嘴漏油)	✓			
	9. 噴油嘴回路電源端故障		✓		
	10. 噴油嘴回路電腦端故障			✓	
電子控制系統	P0100 Mass or Volume Airflow Circuit Malfunction 空氣質量(流量)感知器回路失效				✓
	P0101 Mass or Volume Airflow Circuit Range/Performance Problem 空氣質量(流量)感知器回路信號範圍／性能不良	✓			
	P0102 Mass or Volume AirFlow Circuit low Input 空氣質量(流量)感知器回路低輸入		✓		
	P0103 Mass or Volume Airflow Circuit High Input 空氣質量(流量)感知器回路高輸入			✓	
	P0104 Mass or Volume Airflow Circuit Intermittent 空氣質量(流量)感知器回路間歇故障				✓
	P0105 Manifold Absolute Pressure/Barometric Pressure Circuit Malfunction 歧管壓力／大氣壓力感知器回路失效	✓			
	P0106 Manifold Absolute Pressure/Barometric Pressure Circuit Range/Performance Problem 歧管壓力／大氣壓力感知器回路信號範圍／性能不良		✓		
	P0107 Manifold Absolute Pressure/Barometric Pressure Circuit Low Input 歧管壓力／大氣壓力感知器回路低輸入			✓	
	P0108 Manifold Absolute Pressure/Barometric Pressure Circuit High Input 歧管壓力或大氣壓力感知器回路高輸入				✓
	P0109 Manifold Absolute Pressure/Barometric Pressure Circuit Intermittent 歧管壓力或大氣壓力感知器回路間歇故障	✓			
	P0110 Intake Air Temperature Circuit Malfunction 進氣溫度感知器回路失效		✓		
	P0111 Intake Air Temperature Circuit Range/Performance Problem 進氣溫度感知器回路信號範圍／性能不良			✓	
	P0112 Intake Air Temperature Circuit Low Input 進氣溫度感知器回路低輸入				✓
	P0113 Intake Air Temperature Circuit High Input 進氣溫度感知器回路高輸入	✓			
	P0114 Intake Air Temperature Circuit Intermittent 進氣溫度感知器回路間歇故障		✓		

故障項目	群組一	群組二	群組三	群組四
P0115 Engine Temperature Circuit Malfunction 水溫感知器回路失效			✓	
P0116 Engine Temperature Circuit Range/Performance Problem 水溫感知器回路信號範圍／性能不良				✓
P0117 Engine Temperature Circuit Low Input 水溫感知器回路低輸入	✓			
P0118 Engine Temperature Circuit High Input 水溫感知器回路高輸入		✓		
P0119 Engine Temperature Circuit Intermittent 水溫感知器回路間歇故障			✓	
P0120 Throttle/Pedal Position Sensor/Switch A Circuit Malfunction 節氣門／踏板位置感知器回路失效				✓
P0121 Throttle/Pedal Position Sensor/Switch A Circuit Range/Performance Problem 節氣門／踏板位置感知器／開關回路信號範圍／性能不良	✓			
P0122 Throttle/Pedal Position Sensor/Switch A Circuit low Input 節氣門／踏板位置感知器／開關 A 回路低輸入		✓		
P0123 Throttle/Pedal Position Sensor/Switch A Circuit High Input 節氣門／踏板位置感知器／開關 A 回路高輸入			✓	
P0124 Throttle/Pedal Position Sensor/Switch A Circuit Intermittent 節氣門／踏板位置感知器／開關A回路間歇故障				✓
P0125 Insufficient Coolant Temperature for Closed Loop Fuel Control 水溫感知器信號持續過低狀態，混合比控管無法進入閉回路	✓			
P0130 O2 Sensor Circuit Malfunction (Bank 1 Sensor 1)含氧感知器回路失效(第一排第一感知器)		✓		
P0131 O2 Sensor Circuit Low Voltage(Bank 1 Sensor 1)含氧感知器回路低輸入(第一排第一感知器)			✓	
P0132 O2 Sensor Circuit High Voltage(Bank 1 Sensor 1)含氧感知器回路高輸入(第一排第一感知器)				✓
P0133 O2 Sensor Circuit Slow Response(Bank 1 Sensor 1)含氧感知器回路反應太慢(第一排第一感知器)	✓			
P0134 O2 Sensor Circuit No Activity Detected(Bank 1 Sensor 1)含氧感知器回路無反應(第一排第一感知器)		✓		
P0135 O2 Sensor Heater Circuit Malfunction(Bank 1 Sensor 1)含氧感知器加熱回路失效(第一排第一感知器)			✓	
P0195 Engine Oil Temperature Sensor Malfunction 引擎油溫感知器失效				✓
P0196 Engine Oil Temperature Sensor Range/Performance 引擎油溫感知器信號範圍／性能不良	✓			
P0197 Engine Oil Temperature Sensor Low 引擎油溫感知器信號過低		✓		

故障項目	群組一	群組二	群組三	群組四
P0198 Engine Oil Temperature Sensor High 引擎油溫感知器信號過高			✓	
P0199 Engine Oil Temperature Sensor Intermittent 引擎油溫感知器信號間歇故障				✓
P0200 Injector Circuit Malfunction 噴油嘴回路失效	✓			
P0201 Injector Circuit Malfunction - Cyl. 1 第 1 缸噴油嘴回路失效		✓		
P0202 Injector Circuit Malfunction - Cyl. 2 第 2 缸噴油嘴回路失效			✓	
P0203 Injector Circuit Malfunction - Cyl. 3 第 3 缸噴油嘴回路失效				✓
P0204 Injector Circuit Malfunction - Cyl. 4 第 4 缸噴油嘴回路失效	✓			
P0217 Engine Overtemp Condition 引擎水溫過高狀態		✓		
P0220 Throttle/Pedal Position Sensor/Switch B Circuit Malfunction 節氣門 / 踏板位置感知器 / 開關回路 B 失效			✓	
P0221 Throttle/pedal Position Sensor/Switch B Circuit Range/Performance Problem 節氣門 / 踏板位置感知器 / 開關回路 B 信號範圍 / 性能不良				✓
P0222 Throttle/pedal Position Sensor/Switch B Circuit Low Input 節氣門 / 踏板位置感知器 / 開關回路 B 低輸入	✓			
P0223 Throttle/Pedal Position Sensor/Switch B Circuit High Input 節氣門 / 踏板位置感知器 / 開關回路 B 高輸入		✓		
P0224 Throttle/Pedal Position Sensor/Switch B Circuit Intermittent 節氣門 / 踏板位置感知器 / 開關回路 B 間歇故障			✓	
P0225 Throttle/Pedal Position Sensor/Switch C Circuit Malfunction 節氣門 / 踏板位置感知器 / 開關回路 C 失效				✓
P0226 Throttle/Pedal Position Sensor/Switch C Circuit Range/Performance Problem 節氣門 / 踏板位置感知器 / 開關 C 回路信號範圍 / 性能不良	✓			
P0227 Throttle/Pedal Position Sensor/Switch C Circuit Low Input 節氣門 / 踏板位置感知器 / 開關回路 C 低輸入		✓		
P0228 Throttle/Pedal Position Sensor/Switch C Circuit High Input 節氣門 / 踏板位置感知器回路 / 開關回路 C 高輸入			✓	
P0229 Throttle/Pedal Position Sensor/Switch C Circuit Intermittent 節氣門 / 踏板位置感知器回路 / 開關回路 C 間歇故障				✓
P0230 Fuel Pump Primary Circuit Malfunction 汽油泵主回路失效	✓			
P0231 Fuel Pump Secondary Circuit Low 汽油泵第二回路失效		✓		
P0232 Fuel Pump Secondary Circuit High 汽油泵第二回路失效			✓	

故障項目	群組一	群組二	群組三	群組四
P0233 Fuel Pump Secondary Circuit Intermittent 汽油泵第二回路間歇故障				✓
P0261 Cylinder 1 Injector Circuit Low 第 1 缸噴油嘴回路低	✓			
P0262 Cylinder 1 Injector Circuit High 第 1 缸噴油嘴回路高		✓		
P0264 Cylinder 2 Injector Circuit Low 第 2 缸噴油嘴回路低			✓	
P0265 Cylinder 2 Injector Circuit High 第 2 缸噴油嘴回路高				✓
P0267 Cylinder 3 Injector Circuit Low 第 3 缸噴油嘴回路低	✓			
P0268 Cylinder 3 Injector Circuit High 第 3 缸噴油嘴回路高		✓		
P0270 Cylinder 4 Injector Circuit Low 第 4 缸噴油嘴回路低			✓	
P0271 Cylinder 4 Injector Circuit High 第 4 缸噴油嘴回路高				✓
P0301 Cylinder 1 Misfire Detected 偵測到第 1 缸失火	✓			
P0302 Cylinder 2 Misfire Detected 偵測到第 2 缸失火		✓		
P0303 Cylinder 3 Misfire Detected 偵測到第 3 缸失火			✓	
P0304 Cylinder 4 Misfire Detected 偵測到第 4 缸失火				✓
P0325 Knock Sensor 1 Circuit Malfunction(Bank 1 or Single Sensor)爆震感知器 1 回路失效(第 1 排或單一感知器)	✓			
P0326 Knock Sensor 1 Circuit Range/Performance(Bank 1 or Single Sensor)爆震感知器 1 回路信號範圍／性能不良(第 1 排或單一感知器)		✓		
P0327 Knock Sensor 1 Circuit low Input(Bank 1 or Single Sensor)爆震感知器 1 回路低輸入(第 1 排或配單感知器型)			✓	
P0328 Knock Sensor 1 Circuit High Input(Bank 1 or Single Sensor)爆震感知器 1 回路高輸入(第 1 排或單一感知器)				✓
P0329 Knock Sensor 1 Circuit Input Intermittent(Bank 1 or Single Sensor)爆震感知器 1 回路間歇故障(第 1 排或配單感知器型)	✓			
P0335 Crankshaft Position Sensor A Circuit Malfunction 曲軸位置感知器 A 回路失效		✓		
P0336 Crankshaft Position Sensor A Circuit Range/Performance 曲軸位置感知器 A 回路信號範圍／性能不良			✓	
P0337 Crankshaft Position Sensor A Circuit Low Input 曲軸位置感知器 A 回路低輸入				✓
P0338 Crankshaft Position Sensor A Circuit High Input 曲軸位置感知器 A 回路高輸入	✓			
P0339 Crankshaft Position Sensor A Circuit Intermittent 曲軸位置感知器 A 回路間歇故障		✓		
P0340 Camshaft Position Sensor A Circuit Malfunction 凸輪軸位置感知器 A 回路失效			✓	
P0341 Camshaft Position Sensor A Circuit Range/Performance 凸輪軸位置感知器 A 回路信號範圍／性能不良	✓			✓

故障項目	群組一	群組二	群組三	群組四
P0342 Camshaft Position Sensor A Circuit Low Input 凸輪軸位置感知器 A 回路低輸入	✓			
P0343 Camshaft Position Sensor A Circuit High Input 凸輪軸位置感知器 A 回路高輸入		✓		
P0344 Camshaft Position Sensor A Circuit Intermittent 凸輪軸位置感知器 A 回路間歇故障			✓	
P0350 Ignition Coil Primary/Secondary Circuit Malfunction 點火高壓線圈一次 / 二次回路失效				✓
P0351 Ignition Coil A Primary/Secondary Circuit Malfunction 點火高壓線圈 A 一次 / 二次回路失效	✓			
P0352 Ignition Coil B Primary/Secondary Circuit Malfunction 點火高壓線圈 B 一次 / 二次回路失效		✓		
P0353 Ignition Coil C Primary/Secondary Circuit Malfunction 點火高壓線圈 C 一次 / 二次回路失效			✓	
P0354 Ignition Coil D Primary/Secondary Circuit Malfunction 點火高壓線圈 D 一次 / 二次回路失效				✓
P0460 Fuel Level Sensor Circuit Malfunction 油箱油位感知器回路失效	✓			
P0461 Fuel Level Sensor Circuit Range/Performance 油箱油位感知器回路信號範圍 / 性能不良		✓		
P0462 Fuel level Sensor Circuit Low Input 油箱油位感知器回路低輸入			✓	
P0463 Fuel level Sensor Circuit High Input 油箱油位感知器回路高輸入				✓
P0464 Fuel level Sensor Circuit Intermittent 油箱油位感知器回路間歇故障	✓			
P0480 Cooling Fan 1 Control Circuit Malfunction 引擎冷卻風扇 1 控制回路失效		✓		
P0481 Cooling Fan 2 Control Circuit Malfunction 引擎冷卻風扇 2 控制回路失效			✓	
P0483 Cooling Fan Rationality Check Malfunction 引擎冷卻風扇合理轉速辨識回路失效				✓
P0484 Cooling Fan Circuit Over Current 引擎冷卻風扇回路電流過大	✓			
P0485 Cooling Fan Power/Ground Circuit Malfunction 引擎冷卻風扇電源 / 搭鐵回路失效		✓		
P0505 Idle Control System Malfunction 引擎怠速控制系統失效			✓	
P0506 Idle Control System RPM lower Than Expected 引擎怠速控制系統轉速低於控制				✓
P0507 Idle Control System RPM Higher Than Expected 引擎怠速控制系統轉速高於控制	✓			
P0510 Closed Throttle Position Switch Malfunction 節氣門怠速接點回路失效		✓		

故障項目	群組一	群組二	群組三	群組四
P0520 Engine Oil Pressure Sensor/Switch Circuit Malfunction 引擎機油壓力感知器 / 開關回路失效			✓	
P0521 Engine Oil Pressure Sensor/Switch Range/Performance 引擎機油壓力感知器 / 開關信號範圍 / 性能不良				✓
P0522 Engine Oil Pressure Sensor/Switch Low Voltage 引擎機油壓力感知器 / 開關回路電壓過低	✓			
P0523 Engine Oil Pressure Sensor/Switch High Voltage 引擎機油壓力感知器 / 開關回路電壓過高		✓		
P0561 System Voltage Unstable 電腦控制系統電壓不穩定			✓	
P0562 System Voltage Low 電腦控制系統電壓過低				✓
P0563 System Voltage High 電腦控制系統電壓過高	✓			
P0600 Serial Communication Link Malfunction 串列通訊連線失效		✓		
P0601 Internal Control Module Memory Check Sum Error 電腦記憶體檢查碼錯誤			✓	
P0603 Internal Control Module Keep Alive Memory(KAM)Error 電腦保持記憶體錯誤				✓
P0604 Internal Control Module Random Access Memory(RAM)Error 電腦運算記憶體錯誤	✓			
P0605 Internal Control Module Read Only Memory(ROM)Error(Module Identification Defined by SAE J1979)電腦唯讀記憶體錯誤(根據 SAE J1979)		✓		
P0606 PCM Processor Fault 電腦運算處理器故障			✓	
P0650 Malfunction Indicator Lamp(MIL)Control Circuit Malfunction 引擎故障燈回路失效				✓
P0654 Engine RPM Output Circuit Malfunction 引擎轉速信號輸出回路失效	✓			
P0655 Engine Hot Lamp Output Control Circuit Malfunction 引擎過熱警告燈回路失效		✓		
電腦接地不良			✓	

三、評審要點：

(一) 操作測試限時 30 分鐘，時間終了未完成者，應即令應檢人停止操作，並依已完成的工作項目評分，未完成的部分不給分；若經制止仍繼續操作者，則該項工作技能項目之成績不予計分。

(二) 依評審表中所列工作技能項目逐一評分，完成之項目則給全部配分，未完成則給零分。

(三) 評審表中作業程序、工作安全與態度之評分採扣分方式，各項(除更換錯誤零件外)依應檢人實際操作情形逐一扣分，並於備註欄內記錄事實。

伍、汽車修護乙級技術士技能檢定術科測試試題

第1站 檢修汽油引擎　　　　　　　評審表（發應檢人、監評人員）

姓　　名：＿＿＿＿＿＿＿　　檢定日期：＿＿＿＿＿＿＿＿＿

檢定編號：＿＿＿＿＿＿＿　　監評人員簽名：＿＿＿＿＿＿＿

得分	

評審項目		評定		備註
		配分	得分	
操 作 測 試 時 間	限時30分鐘。			
一、工作技能	1. 正確依操作程序檢查、測試及判斷故障，並正確填寫檢修內容(故障項目項次1)	4	(　)	依答案紙(一)及操作過程
	2. 正確依操作程序調整或更換故障零件，並正確填寫處理方式(故障項目項次1)	4	(　)	依答案紙(一)及操作過程
	3. 正確依操作程序檢查、測試及判斷故障，並正確填寫檢修內容(故障項目項次2)	4	(　)	依答案紙(一)及操作過程
	4. 正確依操作程序調整或更換故障零件，並正確填寫處理方式(故障項目項次2)	4	(　)	依答案紙(一)及操作過程
	5. 完成全部故障檢修工作且系統作用正常並清除故障碼	3	(　)	
	6. 正確操作及填寫測量結果(測量項次1)	3	(　)	依答案紙(二)及操作過程
	7. 正確操作及填寫測量結果(測量項次2)	3	(　)	依答案紙(二)及操作過程
二、作業程序及工作安全與態度(本部分採扣分方式)	1. 更換錯誤零件	每項次扣2分	(　)	依答案紙(三)
	2. 工作中必須維持良好習慣(例：場地整潔、工具儀器等不得置於地上等)，違者每件扣1分，最多扣5分	扣1～5	(　)	
	3. 使用後工具、儀器及護套必須歸定位，違者每件扣1分，最多扣5分	扣1～5	(　)	
	4. 有不安全動作或損壞工作物(含起動馬達操作)違者每次扣1分，最多扣5分。	扣1～5	(　)	扣分項紀錄事實
	5. 不得穿著汗衫、短褲或拖、涼鞋等，違者每項扣1分，最多扣3分。	扣1～3	(　)	
	6. 未使用葉子板護套、方向盤護套、座椅護套、腳踏墊、排檔桿護套等，違者每件扣1分，最多扣5分	扣1～5	(　)	
合 計		25	(　)	

陸、指定量測項目

本站測量項目共設有 2 項，應檢前，由監評人員依修護手冊內容，指定與應檢試題相關之兩項測量項目，填入答案紙之測量項目欄，供應檢人應考(測量項目僅就本站相關零件指定，並且不得與故障設置項目重複)。

本書以 Nissan sentra 180(N16)型為例，下圖為引擎控制元件圖。

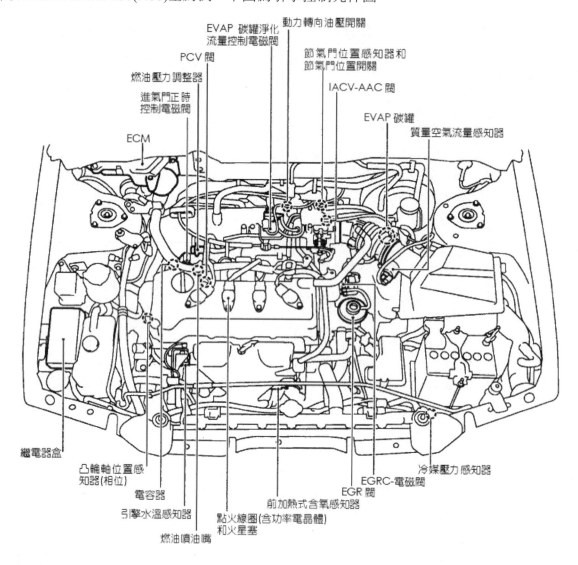

量測項目：

本項目可分動態測量及靜態測量。動態(發動引擎)測量前先讀取檢查油、水是否正常，靜態測量時可依需求決定是否拆下元件測量。

一、惰速和點火正時

Step 1 惰速

使用診斷電腦 V70 在"資料監視"模式內，檢查惰速。

Step 2 點火正時

可以使用下列兩種方法中的任一種。

方法一：將正時燈勾接到電線上。

方法二：拆下 NO.1 點火線圈，使用合適的高壓線來連接 NO.1 點火線圈和 NO.1 火星塞，並將正時燈勾接到此高壓線上。

(1) 讀取點火正時。

(2) 填寫測量項目標準值與實測值。

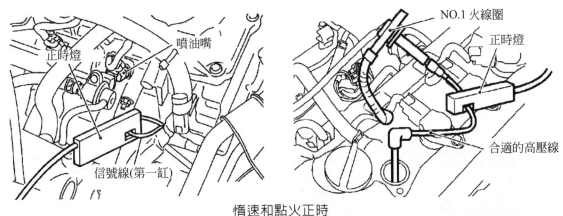

惰速和點火正時

		QG13DE	QG15DE	QG16DE	QG18DE
點火正時°BTDC/目標惰速*rpm	M/T	2±2/630±50	2±2/630±50	6±2/630±50	6±2/630±50
	A/T	6±2/750±50	6±2/750±50	6±2/750±50	6±2/700±50
空調：ON rpm	M/T	800 或更多			
	A/T	850 或更多			
節氣門位置感知器惰速位置		0.35-0.65			

*：在下述狀況

● 空調開關：OFF

● 電氣負載：OFF(燈光，暖氣風扇&後車窗除霧器)

● 方向盤：保持在筆直前進的位置

【標準值】參閱 Nissan sentra 修護手冊(EC-31 或 EC-237 頁)

二、燃油泵電阻量測：

Step 1 拆開油泵線束接頭，如圖所示測量油泵的電阻。

Step 2 填寫測量項目標準值與測量值。

 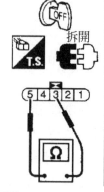 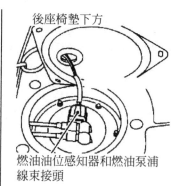

後座椅墊下方

燃油油位感知器和燃油泵浦
線束接頭

條件	電阻值
電阻 Ω[在 25℃(77℉)]	0.2-5.0

【標準值】參閱 Nissan sentra 修護手冊(EC-216 或 EC-238 頁)

三、燃油壓力測量

Step 1 起動引擎和檢查燃油有無洩漏。

Step 2 讀取燃油壓力錶上的數值。

Step 3 填寫測量項目標準值與實測值。

 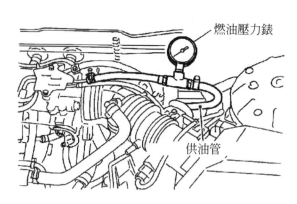

燃油壓力錶

供油管

在惰速時：

真空軟管有連接著約 235 kPa(2.35 bar，2.4 kg/cm^2，34 psi)，真空軟管拆開約 294 kPa(2.94 bar，3.0 kg/cm^2，43 psi)。

【標準值】參閱 Nissan sentra 修護手冊(EC-27 或 EC-237 頁)

四、噴油嘴

Step 1 拆開噴油嘴線束接頭，測量端子之間的電阻。

Step 2 填寫測量項目標準值與實測值。

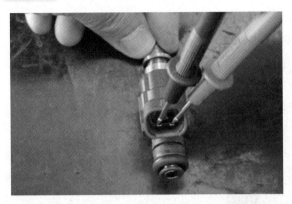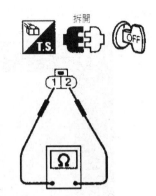

條件	電阻值
電阻 Ω[在 25℃(77℉)]	13.5Ω-17.5Ω

【標準值】參閱 Nissan sentra 修護手冊(EC-207 或 EC-237 頁)

五、引擎冷卻水溫度感知器

Step 1 拆開引擎冷卻水溫度感知器線束接頭，測量引擎冷卻水溫度感知器的電阻。

Step 2 填寫測量項目標準值與實測值。

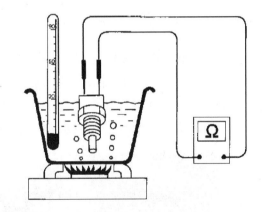

溫度℃(℉)	電阻 KΩ
20(68)	2.1-2.9
50(122)	0.68-1.00
90(194)	0.236-0.260

【標準值】參閱 Nissan sentra 修護手冊(EC-103 或 EC-237 頁)

六、質量空氣流量感知器

Step 1 啟動引擎並暖車到正常操作溫度。

Step 2 使用 V70 在"資料監視"內讀取質量空氣流量感知器之電壓值。

Step 3 填寫測量項目標準值與實測值。

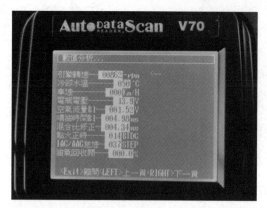

狀態	電壓 V
點火開關在"ON"(引擎熄火。)	低於 1.2
惰速(引擎暖車到正常工作溫度。)	1.0 - 1.7
2,500rpm(引擎暖車到正常工作溫度。)	1.5 - 2.1
惰速約 4,000rpm*	1.0 - 1.7 至大約 4.0

【標準值】參閱 Nissan sentra 修護手冊(EC-98 或 EC-237 頁)

七、前側加熱式含氧感知器

Step 1 拆開前側加熱式含氧感知器線束接頭,測量前側加熱式含氧感知器的電阻。

Step 2 測量在端子 3 和 1 之間的電阻,電阻:2.3 – 4.3Ω 在 25℃ (77℉)。

Step 3 填寫測量項目標準值與實測值。

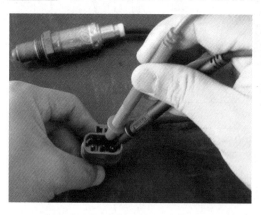
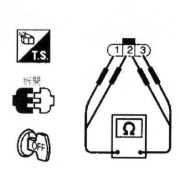

【標準值】參閱 Nissan sentra 修護手冊(EC-119 或 EC-238 頁)

八、曲軸位置感知器

Step 1 拆開曲軸位置感知器(POS)線束接頭。

Step 2 拆下感知器。

Step 3 測量感知器電阻。

Step 4 填寫測量項目標準值與實測值。

  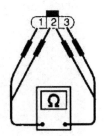

端子號碼(極性)	電阻 Ω[在 25℃(77℉)]
3(+)-1(-)	非 0 或 ∞
2(+)-1(-)	
3(+)-2(-)	

【標準值】參閱 Nissan sentra 修護手冊(EC-129 或 EC-238 頁)

九、凸輪軸位置感知器(相位)

Step 1 拆開凸輪軸位置感知器(POS)線束接頭。

Step 2 拆下感知器。

Step 3 測量感知器電阻。

Step 4 填寫測量項目標準值與實測值。

   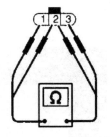

測試條件	標準值
端子號碼(極性)	電阻 Ω[在 25℃(77℉)]
3(+)-1(-)	非 0 或∞
2(+)-1(-)	
3(+)-2(-)	

【標準值】參閱 Nissan sentra 修護手冊(EC-136 或 EC-238 頁)

十、EGRC-電磁閥

Step 1　拆開 EGRC-電磁閥線束接頭。

Step 2　拆下 EGRC-電磁閥。

Step 3　測量 EGRC-電磁閥電阻。

Step 4　填寫測量項目標準值與實測值。

 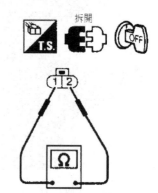

條件	電阻值
電阻 Ω[在 20℃(68℉)]	31Ω-35Ω

【標準值】參閱 Nissan sentra 修護手冊(EC-179 或 EC-238 頁)

十一、節氣門位置感知器電壓量測：

Step 1　使用診斷電腦(V70)

Step 2　啓動引擎並暖車到正常操作溫度。

Step 3　轉動點火開關到"OFF"且至少等 9 秒鐘。

Step 4　轉動點火開關到"ON"。

Step 5　使用診斷電腦(V70)選擇"資料監測"模式。

Step 6　在下列情況，測量"節氣門位置感知器"的電壓。

Step 7　填寫測量項目標準值與實測值。

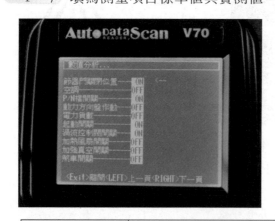 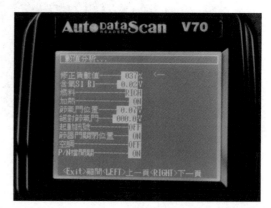

節氣門狀態	電壓(V)
完全關閉	0.35-0.65V(a)
部分關閉	介於(a)和(b)之間
完全開啓	3.5-4.5(b)

【標準值】參閱 Nissan sentra 修護手冊(EC-110 或 EC-238 頁)

十二、EVAP 碳罐濯清量控制閥

Step 1 拆開 EVAP 碳罐濯清量控制閥線束接頭。

Step 2 拆下 EVAP 碳罐濯清量控制閥。

Step 3 EVAP 碳罐濯清量控制閥電阻。

Step 4 填寫測量項目標準值與實測值。

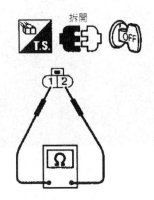

條件	電阻值
電阻 Ω[在 20℃(68℉)]	31Ω-35Ω

【標準值】參閱 Nissan sentra 修護手冊(EC-110 或 EC-238 頁)

十三、IACV-AAC 閥

Step 1 拆開 IACV-AAC 閥線束接頭。

Step 2 測量 IACV-AAC 閥電阻。

Step 3 填寫測量項目標準值與實測值。

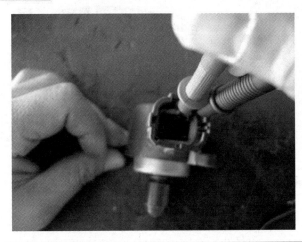

條件	電阻 Ω[在 20℃(68℉)]
端子 2 和端子 1，3	20-24Ω
端子 5 和端子 4，6	

【標準值】參閱 Nissan sentra 修護手冊(EC-189 或 EC-238 頁)

十四、進氣門正時控制電磁閥

Step 1 拆開進氣閥正時控制電磁閥線束接頭。

Step 2 測量進氣閥正時控制電磁閥的電阻。

Step 3 填寫測量項目標準值與實測值。

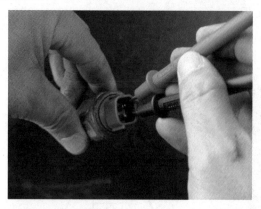

條件	電阻值
電阻 Ω[在 20°C(68°F)]	6.8-9.8Ω

【標準值】參閱 Nissan sentra 修護手冊(EC-238 頁)

十五、有功率晶體的點火線圈

Step 1 拆開有功率晶體的點火線圈線束接頭。

Step 2 拆下指定缸之功率晶體的點火線圈。

Step 3 測量有功率晶體的點火線圈的電阻。

Step 4 填寫測量項目標準值與實測值。

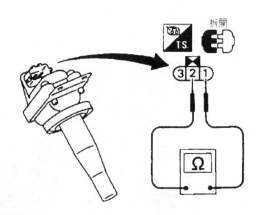

端子號碼(極性)	電阻 Ω[在 25°C(77°F)]
3(+)-2(-)	非 0 或∞
1(+)-3(-)	不是 0
1(+)-2(-)	

【標準值】參閱 Nissan sentra 修護手冊(EC-171 或 EC-238 頁)

十六、電容器

Step 1 拆開電容器線束接頭。

Step 2 拆下電容器。

Step 3 測量電容器的電阻。

Step 4 填寫測量項目標準值與實測值。

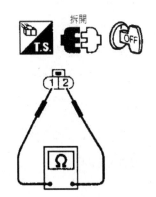

條件	電阻值
電阻 Ω[在 25℃(77°F)]	1M 以上

【標準值】參閱 Nissan sentra 修護手冊(EC-171 或 EC-238 頁)

十七、爆震感知器電阻測量：

使用可以測量超過 10MΩ 的電阻表。

Step 1 拆開爆震感知器線束接頭。

Step 2 測量端子 1 和搭鐵之間的電阻。

Step 3 填寫測量項目標準值與實測值。

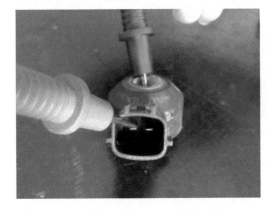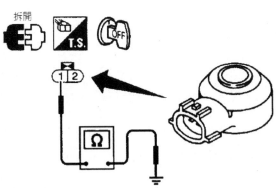

【標準值】參閱 Nissan sentra 修護手冊(EC-123 或 EC-238 頁)

註 電阻：500～620 Kω【在 25℃ (77°F)】。

檢修故障項目：

一、檢修汽油引擎

影響汽油引擎運作的因素有很多，在檢定測驗時，必須在有限的時間將故障找到並且排除，因此在檢修時必須從故障比較明顯處著手，在檢修汽油引擎這站共設有 4 個故障群組，每個群組涵蓋：

(1) 進氣系統

(2) 點火系統

(3) 燃油系統

(4) 電子控制系統等 4 個系統。

本書配合故障設置群組，將引擎故障現象區分為，是否可以啟動，有無故障碼，如下表。

元件名稱 / 故障情形 \ 有無故障碼	有故障碼	沒有故障碼
無法啟動	1. 曲軸位置感知器(POS) 2. 凸輪軸位置感知器(CMPS)(相位)	1. 汽油泵故障(馬達損壞) 2. 汽油泵故障(單向閥故障) 3. 汽油泵繼電器故障 4. 汽油泵保險絲斷路 5. 油壓調節器故障 6. 燃油軟管彎折阻塞
引擎可以啟動 (抖動、運轉不穩或是其他現象…等)	1. 質量空氣量感知器(MAFS) 2. 引擎水溫感知器(ECTS)(線路) 3. 節氣門位置感知器 4. 前測加熱式含氧感知器(前 HO2S)(線路) 5. 爆震感知器(KS) 6. 點火信號	1. 節氣門前端(空氣流量計後端)進氣軟管漏氣 2. 進氣歧管真空管路漏氣 3. EGR 故障 4. 怠速控制閥故障 5. 火星塞故障 6. 點火線圈功率晶體故障 7. 點火線圈功率晶體電腦控制端故障 8. 點火線圈電源電路故障 9. 高壓線不良 10. 噴油嘴故障 11. 噴油嘴故障(油嘴漏油) 12. 噴油嘴回路電源端故障 13. 噴油嘴回路電腦端故障

以下為汽油引擎檢修步驟(以 Nissan N16 引擎為例)。

步驟一：首先將診斷儀器接上，並且確認有使用外部電源(引擎發動時會切斷 OBDII 的電源，這個動作是為了節省診斷儀器開機時間)，啟動引擎(運轉 5～10 秒)。

步驟二：使用診斷儀器來讀取故障碼。

步驟三：確認引擎是否可以啟動，如果引擎無法啟動請檢查燃油系統，引擎可發動，則進行下一步驟。

> 註 凸輪軸、曲軸會影響啟動，不過在第二步驟時即可檢測到。

步驟四：檢查引擎是否抖動，引擎有明顯抖動時，請檢查點火系統(檢查方法請參閱)，否則進行下一檢查步驟。

步驟五：檢查引擎空氣系統元件。

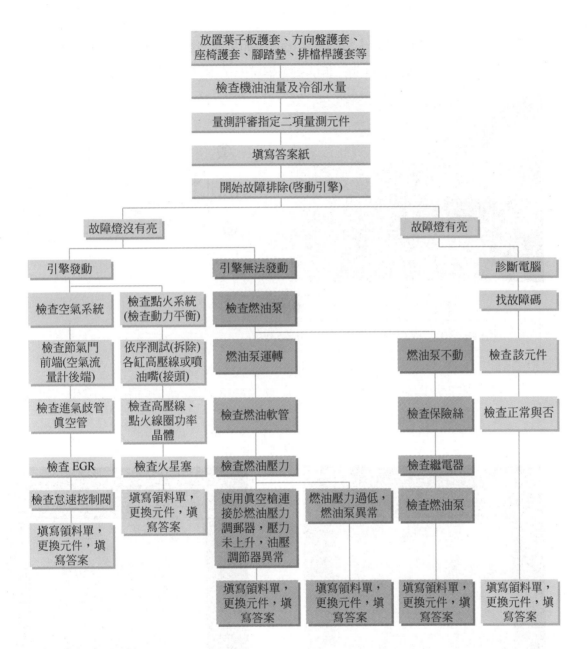

二、引擎檢修程序：

步驟一：啟動引擎，檢查儀錶板故障碼的警示燈是否亮起，如有亮燈請進行步驟二，否則跳
　　　　至步驟三。

步驟二：使用診斷儀器，進入故障診斷模式，如果無法進入請檢查 ECM 繼電器。

ECM 繼電器電阻量測：拆開繼電器接頭，檢查繼電器的電阻。

 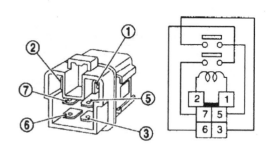

條件	電阻值
電阻 Ω[在 25℃(77℉)]	0.2-5.0

【標準值】參閱 Nissan sentra 修護手冊(EC-171 或 EC-238 頁)

如有故障碼，量測該元件，填寫領料單更換元件，清除故障碼，填寫答案紙，若未顯示故障碼時，請跳至下一步。

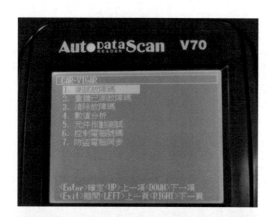 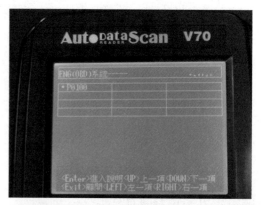

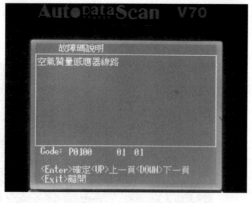 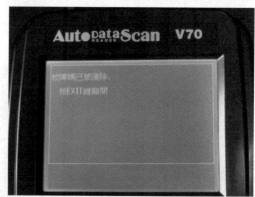

下表為 Nissan N16 故障碼

DTC	P0100	質量空氣量感知器(MAFS)
DTC	P0115	引擎水溫感知器(ECTS)(線路)
DTC	P0120	節氣門位置感知器
DTC	P0130	前測加熱式含氧感知器(前 HO2S)(線路)
DTC	P0325	爆震感知器(KS)
DTC	P0335	曲軸位置感知器(POS)
DTC	P0340	凸輪軸位置感知器(CMPS)(相位)
DTC	P0500	車速感知器(VSS)
DTC	P0600	A/T 控制
DTC	P1217	過熱(冷卻系統)
DTC	P1320	點火信號

【標準值】參閱 Nissan sentra 修護手冊(EC-5 頁)

步驟三：檢查燃油系統

啟動引擎，若引擎不能發動時請優先檢查燃油系統，引擎可發動請跳至下一步驟。

燃油系統包含：保險絲、繼電器、汽油泵、油壓調整器、噴油嘴等元件。

引擎燃油有一定的油壓設定值，其壓力約為 2.4 kg/cm^2 上下，各廠家設計不一。汽油壓力由汽油泵浦建立，油壓的調節則另設有油壓調整器。燃油壓力不足的原因，常見發生在汽油泵浦故障，汽油泵浦故障時會有泵浦不供油，或供油壓力不足的問題。汽油泵浦如果是因為故障而停止供油時，引擎就無法啟動或行駛中無預警的發生引擎熄火。

一、檢查燃油進油管路油壓

Step 1 轉動點火開關到"ON"。

Step 2 用手指夾住燃油供油軟管。將點火開關轉到"ON"之後應該會感覺到燃油供油軟管的燃油壓力脈衝約 1 秒。

從油箱到引擎噴油嘴的燃油管路有兩條，一條是油箱汽油幫浦輸出的供油管，一條是回油管。供油管內的油壓在引擎運轉時，大約維持 2.4 kg/cm^2 上下的壓力(以 Nissan sentra 180 為例)。

燃油管殘留壓力不足的現象，起因於汽油泵浦及回油調壓閥不能確實封住迴路，停車愈久洩漏的油壓就愈多。如果油壓洩漏過多甚至洩到零壓力，下次啟動引擎時油壓就要從新由 0 kg/cm^2 開始建立，直到引擎啟動後建立為 2.4 kg/cm^2 油壓。這樣過程會讓人明顯感覺引擎冷車啟動困難，啟動不易。這種故障的鑑定辦法，最好的方式就是用汽油壓力錶監測。

燃油泵浦 QG 線路圖

線路圖

NJEC0447

EC-F/PUMP-01

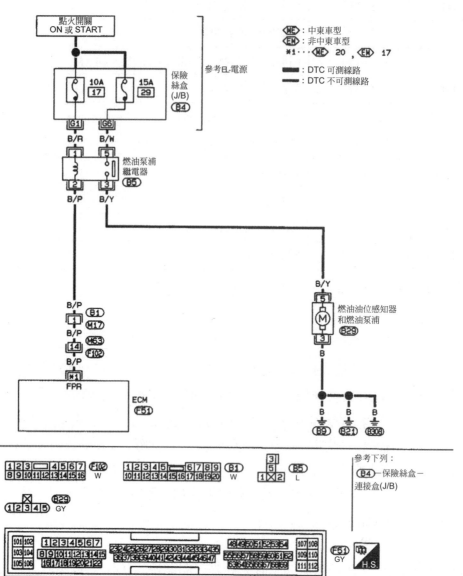

EC-213

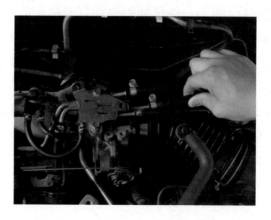

HEC745

二、 檢查保險絲

將探針連接保險絲二隻腳之間，微小或沒有電阻表示該迴路導通性良好。

 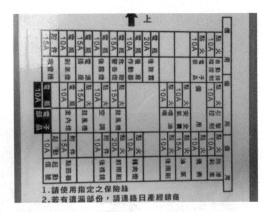

三、 燃油泵浦繼電器檢查

Step 1 將探針連接繼電器 1 和 2 之間，微小或沒有電阻表示該迴路導通性良好。

Step 2 查端子 3 和 5 之間的導通性。

狀態	導通性
在端子 1 和 2 之間供應 12V 直流電	Yes
沒有供應電流	No

如果不良，更換繼電器。

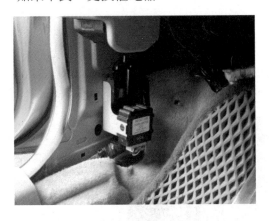 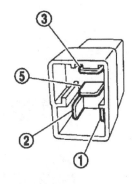 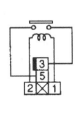

【標準值】參閱 Nissan sentra 修護手冊(EC-216 頁)

四、 檢查汽油泵

　　燃油泵浦

　　Step　1　拆開燃油油位感知器和燃油泵浦線束接頭。

　　Step　2　檢查端子 3、5 間的電阻。

　　　　　　電阻：0.2-5.0Ω[在 25℃(77℉)]

　　　　　　如果不良，更換燃油泵浦。

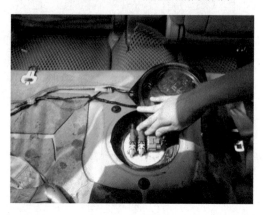

【標準值】參閱 Nissan sentra 修護手冊(EC-216，EC-238 頁)

五、 檢查燃油壓力

　　Step　1　起動引擎和檢查燃油有無洩漏。

　　Step　2　檢查燃油壓力錶上的數值。

　　　　　　在惰速時：

　　　　　　真空軟管有連接著，約 235kPa(2.35bar，2.4kg/cm^2，34psi)

　　　　　　真空軟管拆開，約 294kPa(2.94bar，3.0kg/cm^2，43psi)

【標準值】參閱 Nissan sentra 修護手冊(EC-27 頁)

六、 檢查噴油嘴作動情形

Step 1 啓動引擎。

Step 2 使用診斷電腦(V70)在"作動測試"模式,實施"動力平衡"。

Step 3 傾聽每一個噴油嘴的作動聲音。

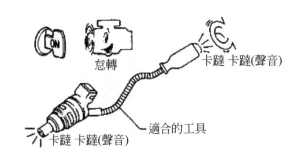

怠轉　　卡躂 卡躂(聲音)

適合的工具

卡躂 卡躂(聲音)

七、 燃油壓力調整器檢查

Step 1 使引擎熄火,並從眞空管上拆開燃油壓力調整器的眞空軟管。

Step 2 使用一個盲塞塞住眞空管。

Step 3 連接眞空槍到燃油壓力調整器。

Step 4 起動引擎並讀取在眞空改變時燃油壓力錶上的讀數。

Step 5 當眞空增加時,燃油壓力應該下降,若結果不相符合,則更換燃油壓力調整器。

【標準值】參閱 Nissan sentra 修護手冊(EC-237 頁)

噴油嘴 QG

線路圖

線路圖

NJEC0434

EC-INJECT-01

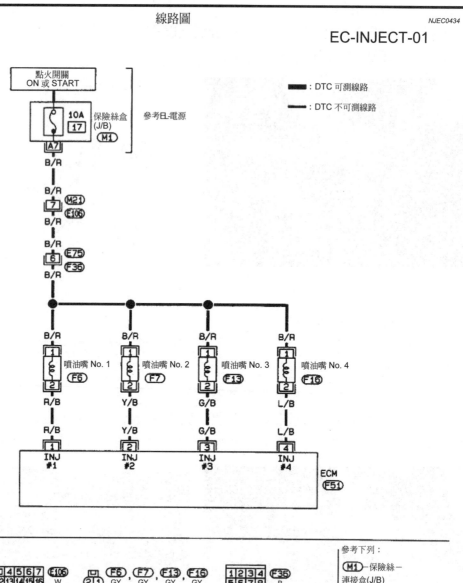

EC-204

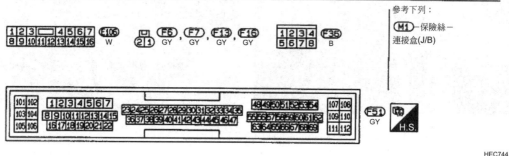

HEC744

步驟四、點火系統

在引擎所發生的故障抖動項目中，包括引擎無力、引擎耗油、引擎啓動困難、引擎易熄火.......等等。其中 70% 以上的引擎抖動及加速無力的原因，都是以點火系統佔最大多數。這種常見的點火故障，會引起引擎混合氣燃燒不完全。

故引擎發動後,如果引擎呈現抖動,利用診斷儀器內的作動測試的功能作動力平衡,或者是不使用診斷儀器,將各缸的噴油嘴插頭依序移除、接合可作為判斷該缸是否作用。

DTC P1320 點火信號 　　QG

線路圖

線路圖　　　　　　　　　　　NJEC0594

EC-IGN/SG-01

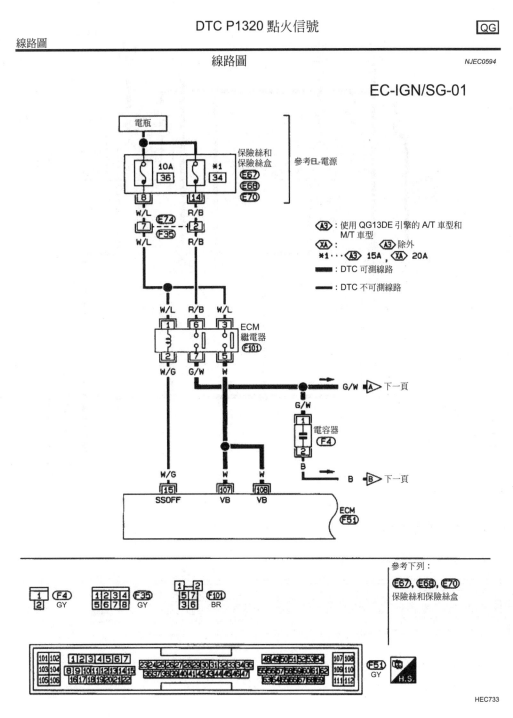

EC-164

DTC P1320 點火信號

QG
線路圖(續)

EC-IGN/SG-02

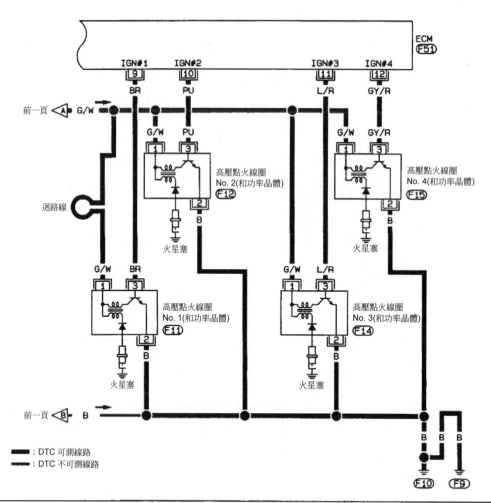

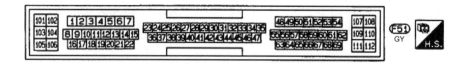

HEC734

一、 檢查點火系統(檢查動力平衡)

Step 1 使用診斷儀器(V70)在"作動測試"模式下執行"動力平衡"。

Step 2 找出不會造成暫時性的引擎轉速下降的線路。

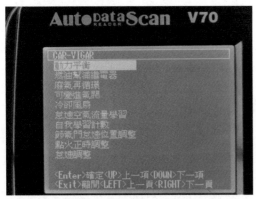
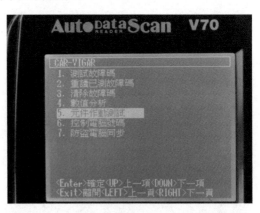

二、 使用跳火試驗器測試跳火情形

三、 檢查高壓線、點火線圈

Step 1 拆開有功率晶體的點火線圈線束接頭。

Step 2 如圖所示檢查有功率晶體的點火線圈的電阻。

【標準值】參閱 Nissan sentra 修護手冊(EC-171，EC-238 頁)

四、 檢查火星塞

Step 1 拆下點火線圈線線束接頭。

Step 2 拆下點火線圈。

Step 3 用火星塞套筒拆下火星塞。

Step 4 檢查火星塞間隙。

Step 5 安裝火星塞。

火星塞安裝扭力：20-29N-m(2.0-3.0kg-m,14-22ft-lb)

Step 6 安裝點火線圈。

Step 7 接回點火線圈線線束接頭。

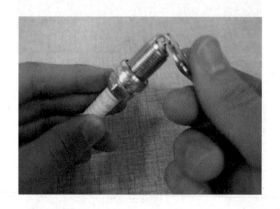
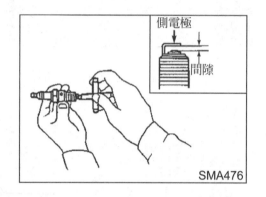

型式	標準	BKR5E
	冷型	BKR6E,BKR7E
火星塞間隙 mm(in)0.8-0.9(0.031-0.035)		

【標準值】參閱 Nissan sentra 修護手冊(EM-17 頁)

步驟五、檢查進氣系統

一、 檢查節氣門前端(空氣流量計後端)

二、 檢查進氣岐管真空
　　Step 1 轉動點火開關到"OFF"。
　　Step 2 檢查真空軟管是否有阻塞、龜裂或連接不良。

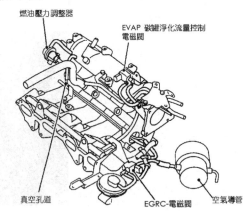

【參考值】17-21 in/Hg

三、 檢查 EGR
　　Step 1 使用一個手動真空泵浦供應真空到 EGR 的真空孔口。EGR 閥門彈簧應該昇起。
　　Step 2 檢查是否有黏滯的情形。(如果不良,修理或更換 EGR 閥。)

【標準值】參閱 Nissan sentra 修護手冊(EC-178 頁)

四、 檢查怠速控制閥
　　Step 1 拆開 IACV-AAC 閥線束接頭。
　　Step 2 檢查 IACV-AAC 閥電阻。

通常製造廠把引擎怠速空轉設定在 750 RPM(各車種不一致),入檔後(自排車)引擎轉速約 700 RPM,如果怠速馬達沒有補償轉速,怠速會低於 700 RPM。怠速馬達增加引擎轉速的補償時機包括方向盤轉動、踩煞車、開大燈電器及自排車檔位入檔…等,如果怠速馬達閥門不乾淨或故障,引擎怠速就無法適當的修正,常會有轉速太低,感覺引擎抖動甚至熄火,有些故障也會有怠速異常偏高的情形。

以下是怠速馬達故障現象及簡單的怠速馬達測試方法:

　　(1) 開冷氣時引擎抖動,無法自然提升引擎怠速轉速。
　　　　大部分的引擎都是應用怠速馬達來提升開冷氣時,所需的引擎轉速補償。增加的引擎轉速約在 50～100RPM,由引擎轉速錶可以看見指針微微的向上移動,那就是轉速補償功能。

(2)　轉動方向盤時引擎怠速下降。

　　轉動方向盤也可以測試怠速增補功能，通常開冷氣沒有怠速增補的引擎，轉動方向盤也不會有怠速增補。如果可以排除其他系統故障的可能，那應該就可以確定是怠速馬達故障。

【標準值】參閱 Nissan sentra 修護手冊(EC-189 頁)

五、　前側加熱式含氧感知器加熱器

Step　1　檢查在端子 3 和 1 之間的電阻。

Step　2　電阻：2.3 – 4.3Ω 在 25℃(77°F)

Step　3　檢查在端子 2 和 1、3 和 2 之間的電阻，應該有導通，如果不良，更換前側加熱式含氧感知器。

註　"任何自 0.5m(19.7in)高掉落至堅硬平面如水泥地的加熱式含氧感知器，必須予以丟棄並使用新品。

　　　"在安裝新的含氧感知器前，先使用含氧感知器線組清理工具與認可的防卡死的潤滑劑清理排氣系統螺牙。

【標準值】參閱 Nissan sentra 修護手冊(EC-119，EC-237 頁)

伍、汽車修護乙級技術士技能檢定術科測試試題

一、題目：檢修柴油引擎

二、使用車輛介紹：

	1. 第一題：實車 2. 廠牌 / 車型：現代 TUCSON 3. 年分：2006 年 4. 排氣量：1991C.C.
	1. 第一題：檢修柴油引擎 2. 廠牌 / 車型：FORD / 載卡多 R2 架上引擎 3. 年分： 4. 排氣量：2000CC
	1. 第二題 2. 廠牌 / 車型：裕隆 / SD22 架上引擎 3. 排氣量：2164CC

三、修護手冊使用介紹：

(一) TUCSON 2006 修護手冊補充版(A)、TUCSON 2006 修護手冊補充版(B)、TUCSON 2006 電路故障排除手冊。

(二) 福特汽車載卡多 R2 柴油引擎修護手冊

四、使用儀器／工具說明：

(一) 專業診斷儀器(OBDII)

本工具使用於第二站第一題柴油引擎系統故障檢測之專用儀器
1. 用於車輛故障診斷及查詢
2. 用於車輛數據讀取及測試
3. 用於車輛故障碼清除恢復

(二) 電腦診斷儀器操作說明(OBDII)

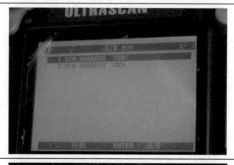

1. 儀器打開的畫面
2. 點選一般 OBDII/EOBD 診斷模式
3. 點選 ENTER 鍵
4. 點選 ENTER 鍵
5. 點選 1.ECM ADDRESS 7E8
6. 點選 1.自我診斷結果(D.T.C.)

伍、汽車修護乙級技術士技能檢定術科測試試題

(發應檢人、監評人員)

(本站在應試現場由監評人員會同應檢人，從應檢工作崗位中任抽一工作崗位應考)

一、題目：檢修柴油引擎

二、說明：

(一) 應檢人檢定時之基本資料填寫、閱讀試題、發問及工具準備時間為 5 分鐘，操作測試時間為 30 分鐘，另操作測試時間結束後資料查閱、答案紙填寫(限已完成之工作項目內容)及工具／設備／護套歸定位時間為 5 分鐘。

(二) 使用提供之工具、儀器(含診斷儀器、使用手冊)、修護手冊及電路圖由應檢人依修護手冊內容檢修 2 項故障項目，並完成答案紙指定之 2 項測量項目工作。

(三) 檢查結果如有不正常，應依修護手冊內容檢修至正常或調整至廠家規範。

(四) 依據故障情況，應檢人必須事先填寫領料單後，方可向監評人員提出更換零件或總成之請求，領料機會最多 5 項次。

(五) 規定測試時間結束或提前完成工作，應檢人須將已經修復之故障檢修項目及測量項目值填寫於答案紙上，填寫測量項目實測值時，須請監評人員確認。

註 故障檢修時，單一故障可能會造成多重故障碼顯示，仍須視為同一個故障項目。

(六) 電路線束不設故障，所以不准拆開，但接頭除外。

(七) 為保護檢定場所之電瓶及相關設備，起動引擎每次不得超過 10 秒鐘，再次起動時必須間隔 5 秒鐘以上，且不得連續起動 2 次以上。

(八) 應檢前監評人員應先將診斷儀器連線至檢定車輛，並確認其通訊溝通正常，車輛與儀器連線後之畫面應進入到診斷儀器之起始功能選擇項頁面。

(九) 應檢中應檢人可要求指導使用診斷儀器至起始功能選擇項頁面，但操作測試時間不予扣除。

三、評審要點：

(一) 操作測試時間：30 分鐘。測試時間終了，經評審制止不聽仍繼續操作者，則該項工作技能項目之成績不予計分。

(二) 技能標準：如評審表工作技能項目之各評審項目。

(三) 作業程序及工作安全與態度(本項為扣分項目)：如評審表作業程序及工作安全與態度各評審項目。

伍、汽車修護乙級技術士技能檢定術科測試試題

第 2 站　檢修柴油引擎　　　　　　　答案紙(一)　　　　　　(發應檢人)(第 1 頁共 3 頁)

姓　　名：_____　　檢定日期：_____　　監評人員簽名：_____

檢定編號：_____　　題號／崗位：_____

(一) 填寫檢修結果

說明：1. 答案紙填寫方式依現場修護手冊或診斷儀器用詞或內容，填寫於各欄位。

　　　2. 檢修內容之現象、原因及操作程序 3 項皆須正確，該項次才予計分。

　　　註 故障檢修時單一故障可能會造成多重故障碼顯示，仍須視為同一個故障項目。

　　　3. 檢修內容不正確，則處理方式不予評分。

　　　4. 處理方式填寫及操作程序 2 項皆須正確，該項才予計分。處理方式必須含零件名稱
　　　　 (例：更換水溫感知器、調整...、清潔...、修護...、鎖緊等)。

　　　5. 未完成之工作項目，填寫亦不予計分。

項次	故障項目 (應檢人填寫)			評審結果(監評人員填寫)			
				操作程序		合格	不合格
				正確	錯誤		
1	檢修內容	現象					
		原因					
	處理方式						
2	檢修內容	現象					
		原因					
	處理方式						

故障設置項目：(由監評人員於應檢人檢定結束後填入)

故障項目項次 1._____

故障項目項次 2._____

伍、汽車修護乙級技術士技能檢定術科測試試題

第 2 站　檢修柴油引擎　　　　　　　答案紙(二)　　　　　　(發應檢人)(第 2 頁共 3 頁)

姓　　名：＿＿＿＿＿＿＿　　　檢定日期：＿＿＿＿＿＿＿　　　監評人員簽名：＿＿＿＿＿＿

檢定編號：＿＿＿＿＿＿＿　　　題號／崗位：＿＿＿＿＿＿

(二) 填寫測量結果

說明：1. 應檢前，由監評人員依修護手冊內容，指定與本站應檢試題相關之兩項測量項目，事先於應
　　　　檢前填入答案紙之測量項目欄，供應檢人應考。

　　　2. 標準值以修護手冊之規範為準，應檢人填寫標準值時應註明修護手冊之頁碼。

　　　3. **應檢人填寫實測值時，須請監評人員當場確認，否則不予計分。**

　　　4. 標準值、手冊頁碼、實測值及判斷 4 項皆須填寫正確，且實測值誤差值在該儀器或量具之要
　　　　求精度內，該項才予計分。

　　　5. 未註明單位者不予計分。

項次	測量項目 (含測試條件) (監評人員事先填寫)	測量結果(應檢人填寫)				評審結果(監評人員填寫)		
		標準值	手冊頁碼	實測值 (含單位)	判斷	實測值 (含單位)	合格	不合格
1					□ 正　　常 □ 不 正 常			
2					□ 正　　常 □ 不 正 常			

伍、汽車修護乙級技術士技能檢定術科測試試題

第 2 站　檢修柴油引擎　　　　　　答案紙(三)　　　　　　(發應檢人)(第 3 頁共 3 頁)

姓　　名：＿＿＿＿＿＿＿　　　檢定日期：＿＿＿＿＿＿＿　　　監評人員簽名：＿＿＿＿＿＿＿

檢定編號：＿＿＿＿＿＿＿　　　題號／崗位：＿＿＿＿＿＿＿

(三) 領料單

說明：1. 應檢人應依據故障情況必須先填妥領料單後，向監評人員要求領取所要更換之零件或總成(監評人員確認領料單填妥後，決定是否提供應檢人零件或總成)。

　　　2. 應檢人填寫領料單後，要求更換零件或總成，若要求更換之零件或總成錯誤(應記錄於評審結果欄)，每項次扣 2 分。

　　　3. 領料次數最多 5 項次。

項次	零件名稱(應檢人填寫)	數量(應檢人填寫)	評審結果(監評人員填寫)
1			□ 正　確 □ 錯　誤
2			□ 正　確 □ 錯　誤
3			□ 正　確 □ 錯　誤
4			□ 正　確 □ 錯　誤
5			□ 正　確 □ 錯　誤

伍、汽車修護乙級技術士技能檢定術科測試試題

(發監評人員)

一、題目：檢修柴油引擎

二、說明：

(一) 監評人員請先閱讀應檢人試題說明，並要求應檢人應檢前先閱讀試題，再依試題說明操作。

(二) 請先檢查工具、儀器、設備及相關修護(使用)手冊是否齊全。

(三) 本站共設置 5 個應檢工作崗位執行應檢。

(四) 本站共設有 4 個群組，每個群組涵蓋：

    (1) 進氣系統

    (2) 預熱系統

    (3) 燃油系統低壓油路

    (4) 燃油系統高壓油路

    (5) 電子控制系統等 5 個系統。

(五) 本站共設有 5 個工作崗位(內含 1 個備用)，每個工作崗位設置 2 項故障，監評人員依檢定現場設備狀況並考量 30 分鐘應檢時間限制，依監評協調會抽出之故障群組組別，選擇適當之故障 2 項；2 項故障設置以不同一系統為原則，惟得依檢定現況隨時更改故障項目。

(六) 設置故障時，若無相對之 OBD II 故障碼，請按故障內容依原廠之故障碼內容設置故障；故障設置前，須先確認設備正常無誤後，再設置故障。

> 註 設置之單一故障可能會造成多重故障碼顯示，仍須視為同一個故障項目。

(七) 本站測量項目共設有 2 項，應檢前由監評人員依修護手冊內容，指定與應檢試題相關之兩項測量項目，填入答案紙之測量項目欄，供應檢人應考(測量項目僅就本站相關零件指定，並且不得與故障設置項目重複)。

(八) 告知應檢人填寫實測值時，須請監評人員當場確認，否則不予計分。

故障設置群組

	故障項目	群組一	群組二	群組三	群組四
進氣系統	1. 進氣組件漏氣(例如歧管真空洩漏等)	✓			
	2. 進氣組件阻塞(例如空氣濾清器阻塞等)		✓		
	3. EGR 系統故障(例如洩漏等)			✓	
	4. 電動 EGR 控制閥故障(例如卡住開啟等)				✓
預熱系統	1. 預熱塞故障	✓			
	2. 預熱塞繼電器故障		✓		
	3. 預熱塞電源線路故障			✓	
	4. 預熱系統引擎水溫開關線路故障				✓
	5. 預熱控制線路故障	✓	✓	✓	✓

	故障項目	群組一	群組二	群組三	群組四
燃油系統低壓油路	1. 供油泵故障(例如泵活塞破損等)	✓			
	2. 供油泵手動泵故障		✓		
	3. 燃料濾清器阻塞			✓	
	4. 油水分離器開關線路故障				✓
	5. 油水分離器開關與接頭故障	✓			
	6. 燃料切斷電磁閥與接頭故障		✓		
	7. 燃料切斷電磁閥線路故障			✓	✓
燃油系統高壓油路	1. 噴油嘴噴油開啟壓力明顯的過高	✓			
	2. 噴油嘴噴油開啟壓力明顯的過低		✓		
	3. 噴油嘴針閥卡死(例如阻塞，明顯的不噴油等)			✓	
	4. 噴油嘴故障(例如油嘴漏油等)				✓
	5. 高壓油管故障(例如洩漏或阻塞等)	✓			
	6. 噴油正時錯誤		✓		
電子控制系統	1. P0031 HO2S Heater Control Circuit Low(Bank 1 Sensor 1)含氧感知器加熱器回路過低(第 1 排感知器 1)	✓			
	2. P0032 HO2S Heater Control Circuit High(Bank 1 Sensor 1)含氧感知器加熱器回路過高(第 1 排感知器 1)		✓		
	3. P0047 Turbo/Super Charger Boost Control Solenoid Circuit Low. VGT 眞空調節器回路低輸入			✓	
	4. P0048 Turbo/Super Charger Boost Control Solenoid Circuit High. VGT 眞空調節器回路高輸入				✓
	5. P0069 Manifold Absolute Pressure –歧管絕對壓力 / 大氣壓力相關性	✓			
	6. P0087Fuel Rail/System Pressure - Too Low 油軌壓力監測最低壓力過低		✓		
	7. P0088 Fuel Rail/System Pressure - Too High 油軌壓力監測最高壓力過高			✓	
	8. P0089 Fuel Pressure Regulator 1 Performance 油軌壓力調節閥1功能問題				✓
	9. P0091 Fuel Pressure Regulator 1 Control Circuit Low 油軌壓力調節閥 1 回路低輸入	✓			
	10. P0092 Fuel Pressure Regulator 1 Control Circuit High 油軌壓力調節閥 1 回路高輸入		✓		
	11. P0097 Intake Air Temp Sensor 2 Circuit Low 進氣溫度感知器 2 回路低輸入			✓	
	12. P0098 Intake Air Temp Sensor 2 Circuit High 進氣溫度感知器 2 回路高輸入				✓
	13. P0101 Mass or Volume Air Flow Circuit Range/Performance Problem 空氣質量(流量)回路信號範圍 / 功能問題	✓			
	14. P0102 Mass or Volume Air Flow Circuit Low Input 空氣質量(流量)回路低輸入		✓		

故障項目	群組一	群組二	群組三	群組四
15. P0103 Mass or Volume Air Flow Circuit High Input 空氣質量(流量)回路高輸入			✓	
16. P0107 Manifold Absolute Pressure/Barometric Pressure Circuit Low Input 歧管壓力 / 大氣壓力回路低輸入				✓
17. P0108 Manifold Absolute Pressure/Barometric Pressure Circuit High Input 歧管壓力 / 大氣壓力回路高輸入	✓			
18. P0112 Intake Air Temperature Circuit Low Input 進氣溫度感知器回路低輸入		✓		
19. P0113 Intake Air Temperature Circuit High Input 進氣溫度感知器回路高輸入			✓	
20. P0116 Engine Coolant Temperature Circuit Range/Performance Problem 引擎冷卻液溫度回路範圍 / 功能問題				✓
21. P0117 Engine Coolant Temperature Circuit Low Input 引擎冷卻液溫度回路低輸入	✓			
22. P0118 Engine Coolant Temperature Circuit High Input 引擎冷卻液溫度回路高輸入		✓		
23. P0182 Fuel Temperature Sensor A Circuit Low Input 燃油溫度感知器 A 回路低輸入			✓	
24. P0183 Fuel Temperature Sensor A Circuit High Input 燃油溫度感知器 A 回路高輸入				✓
25. P0192 Fuel Rail Pressure Sensor Circuit Low Input 燃油軌壓力感知器低輸入	✓			
26. P0193 Fuel Rail Pressure Sensor Circuit High Input 燃油軌壓力感知器高輸入		✓		
27. P0201 Injector Circuit Malfunction - Cylinder 1 第 1 缸噴油嘴回路失效			✓	
28. P0202 Injector Circuit Malfunction - Cylinder 2 第 2 缸噴油嘴回路失效				✓
29. P0203 Injector Circuit Malfunction - Cylinder 3 第 3 缸噴油嘴回路失效	✓			
30. P0204 Injector Circuit Malfunction - Cylinder 4 第 4 缸噴油嘴回路失效		✓		
31. P0231 Fuel Pump Secondary Circuit Low 燃油泵二次回路低輸入			✓	
32. P0232 Fuel Pump Secondary Circuit High 燃油泵二次回路高輸入				✓
33. P0234 Engine Overboost Condition 渦輪 / 增壓器增壓過度	✓			
34. P0237 Turbocharger Boost Sensor A Circuit Low 增壓壓力感知器 A 回路低輸入		✓		
35. P0238 Turbocharger Boost Sensor A Circuit High 增壓壓力感知器 A 回路高輸入			✓	
36. P0252 Injection Pump Fuel Metering Control A Range/Performance(Cam/Rotor/Injector)燃油泵燃油計量控制 A 範圍 / 功能問題(凸輪 / 轉子 / 噴油嘴)				✓

故障項目	群組一	群組二	群組三	群組四
37. P0253 Injection Pump Fuel Metering Control A Low (Cam/Rotor/Injector)燃油泵燃油計量控制 A 低輸入(凸輪／轉子／噴油嘴)	✓			
38. P0254 Injection Pump Fuel Metering Control A High (Cam/Rotor/Injector)燃油泵燃油計量控制 A 高輸入(凸輪／轉子／噴油)		✓		
39. P0262 Cylinder 1 Injector Circuit High 第 1 缸噴油嘴回路高輸入			✓	
40. P0265 Cylinder 2 Injector Circuit High 第 2 缸噴油嘴回路高輸入				✓
41. P0268 Cylinder 3 Injector Circuit High 第 3 缸噴油嘴回路高輸入	✓			
42. P0271 Cylinder 4 Injector Circuit High 第 4 缸噴油嘴回路高輸入		✓		
43. P0299 Turbo/Super Charger Underboost 渦輪／增壓器增壓不足			✓	
44. P0335 Crankshaft Position Sensor A Circuit Malfunction 曲軸位置感知器 A 回路失效				✓
45. P0336 Crankshaft Position Sensor A Circuit Range/Performance 曲軸位置感知器 A 回路範圍／功能問題	✓			
46. P0340 Camshaft Position Sensor A Circuit Malfunction 凸輪軸位置感知器 A 回路失效(第 1 排或單感知器)		✓		
47. P0341Camshaft Position Sensor A Circuit Range/Performance(Bank 1 or single sensor)凸輪軸位置感知器 A 回路範圍／功能問題(第 1 排或單感知器)			✓	
48. P0381 Glow Plug/Heater Indicator Circuit Malfunction 預熱指示燈回路失效				✓
49. P0401 Exhaust Gas Recirculation Flow Insufficient Detected 偵測到廢氣再循環流量不足	✓			
50. P0402 Exhaust Gas Recirculation Flow Excessive Detected 偵測到廢氣再循環流量過多		✓		
51. P0472 Exhaust Pressure Sensor Circuit Low Input 廢氣壓力感知器回路低輸入			✓	
52. P0473 Exhaust Pressure Sensor Circuit High Input 廢氣壓力感知器回路高輸入				✓
54. P0489 Exhaust Gas Recirculation Control Circuit Low 廢氣再循環控制回路低電壓	✓			
55. P0490 Exhaust Gas Recirculation Control Circuit High 廢氣再循環控制回路高電壓		✓		
56. P0501 Vehicle Speed Sensor Range/Performance 車速感知器 A 範圍／功能問題			✓	
57. P0504 Vehicle Brake Switch variation 煞車開關變動				✓
58. P0532 A/C Refrigerant Pressure Sensor A Circuit Low Input 冷氣冷媒壓力感知器 A 回路低輸入	✓			

故障項目	群組一	群組二	群組三	群組四
59. P0533 A/C Refrigerant Pressure Sensor A Circuit High Input 冷氣冷媒壓力感知器 A 回路高輸入		✓		
60. P0545 Exhaust gas temperature sensor circuit low input (Bank 1 Sensor 1)廢氣溫度感知器回路過低(第 1 排／感知器)			✓	
61. P0546 Exhaust gas temperature sensor circuit high input (Bank 1 Sensor 1)廢氣溫度感知器回路過高(第 1 排／感知器)				✓
62. P0562 System Voltage Low 系統電壓過低	✓			
63. P0563 System Voltage High 系統電壓過高		✓		
64. P0602 Control Module Programming Error 程式錯誤			✓	
65. P0605 Internal Control Module Read Only Memory (ROM)Error 內部控制模組唯讀記憶體(ROM)錯誤				✓
66. P0606 PCM Processor Fault ECM/PCM 處理器(ECM-自我測試失效)	✓			
67. P0611 Fuel Injector Control Module Performance 噴油嘴控制模組功能問題(超過兩個噴油嘴)		✓		
68. P0642 Sensor A Reference Voltage Circuit Low 感知器 A 參考電壓回路過低			✓	
69. P0643 Sensor A Reference Voltage Circuit High 感知器 A 參考電壓回路過高				✓
70. P0646 A/C Clutch Relay Control Circuit Low 冷氣離合器繼電器控制回路過低	✓			
71. P0647A/C Clutch Relay Control Circuit High 冷氣離合器繼電器控制回路過高		✓		
72. P0650 Malfunction Indicator Lamp(MIL)Control Circuit 故障指示燈(MIL)控制回路			✓	
73. P0652 Sensor B Reference Voltage Circuit Low 感知器 B 參考電壓回路過低				✓
74. P0653 Sensor B Reference Voltage Circuit High 感知器 B 參考電壓回路過高	✓			
75. P0670 Glow plug control circuit 預熱塞繼電器回路故障		✓		
76. P0685 Engine Controls Ignition Relay Control Circuit (PCM)ECM/PCM 電源繼電器控制回路斷路			✓	
77. P0698 Sensor C Reference Voltage Circuit Low 感知器 C 參考電壓回路過低				✓
78. P0699 Sensor C Reference Voltage Circuit High 感知器 C 參考電壓回路過高	✓			

三、評審要點：

(一) 操作測試限時 30 分鐘，時間終了未完成者，應即令應檢人停止操作，並依已完成的工作技能項目評分，未完成的部分不給分；若經制止不聽仍繼續操作者，則該站不予計分。

(二) 依評審表中所列工作技能項目逐一評分，完成之項目則給全部配分，未完成則給零分。

(三) 評審表中作業程序、工作安全與態度之評分採扣分方式，各項(除更換錯誤零件外)依應檢人實際操作情形逐一扣分，並於備註欄內記錄事實。

伍、汽車修護乙級技術士技能檢定術科測試試題

第2站　檢修柴油引擎　　　　　　　**評審表(發應檢人、監評人員)**

姓　　名：＿＿＿＿＿＿＿　　檢定日期：＿＿＿＿＿＿＿＿＿

檢定編號：＿＿＿＿＿＿　　監評人員簽名：＿＿＿＿＿＿＿

得分

評　　　審　　　項　　　目	評　　　　定		備　　　註
	配　分	得　分	
操 作 測 試 時 間　　限時30分鐘。			
一、工作技能 1. 正確依操作程序檢查、測試及判斷故障，並正確填寫檢修內容(故障項目項次1)	4	（　）	依答案紙(一)及操作過程
2. 正確依操作程序調整或更換故障零件，並正確填寫處理方式(故障項目項次1)	4	（　）	依答案紙(一)及操作過程
3. 正確依操作程序檢查、測試及判斷故障，並正確填寫檢修內容(故障項目項次2)	4	（　）	依答案紙(一)及操作過程
4. 正確依操作程序調整或更換故障零件，並正確填寫處理方式(故障項目項次2)	4	（　）	依答案紙(一)及操作過程
5. 完成全部故障檢修工作且系統作用正常並清除故障碼	3	（　）	
6. 正確操作及填寫測量結果(測量項次1)	3	（　）	依答案紙(二)及操作過程
7. 正確操作及填寫測量結果(測量項次2)	3	（　）	依答案紙(二)及操作過程
二、作業程序及工作安全與態度(本部分採扣分方式) 1. 更換錯誤零件	每項次扣2分	（　）	依答案紙(三)
2. 工作中必須維持良好習慣(例：場地整潔、工具儀器等不得置於地上等)，違者每件扣1分，最多扣5分	扣1～5	（　）	
3. 使用後工具、儀器及護套必須歸定位，違者每件扣1分，最多扣5分	扣1～5	（　）	扣分項紀錄事實
4. 有不安全動作或損壞工作物(含起動馬達操作)違者每次扣1分，最多扣5分。	扣1～5	（　）	
5. 不得穿著汗衫、短褲或拖、涼鞋等，違者每項扣1分，最多扣3分。	扣1～3	（　）	
6. 未使用葉子板護套、方向盤護套、座椅護套、腳踏墊、排檔桿護套等，違者每件扣1分，最多扣5分	扣1～5	（　）	
合　　　　　　　　　　　　　　　　計	25	（　）	

指定量測項目：

測量項目一： VGT 控制電磁閥

　　確認指定測量項目題目，查閱修護手冊正確量測步驟及方式，使用正確量測工具 (三用電錶)依照手冊正確步驟實行量測題目之量測點之正確數據，完成量測後，將場地恢復並清潔，填寫正確答案。

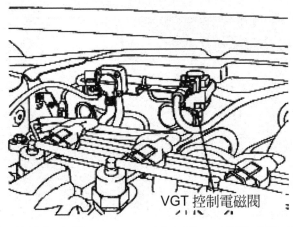

VGT 控制電磁閥

修護手冊標準規格
14.7～16.1[20℃(68℉)]

【標準值】參閱 TUCSON 補充版(A)修護手冊(第 FL-90 頁)

測量項目二： 電動 EGR 控制閥

　　確認指定測量項目題目，查閱修護手冊正確量測步驟及方式，使用正確量測工具 (三用電錶)依照手冊正確步驟實行量測題目之量測點之正確數據，完成量測後，將場地恢復並清潔，填寫正確答案。

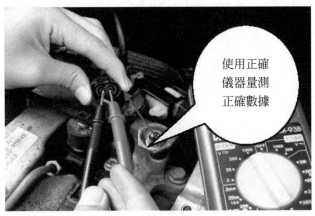

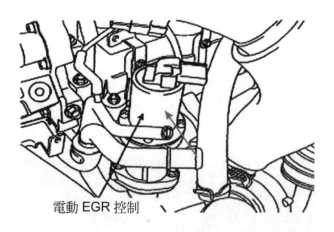

修護手冊標準規格
$7.3\sim8.3\Omega[20°C(68°F)]$

電動 EGR 控制

【標準值】參閱 TUCSON 補充版(A)修護手冊(第 FL-79 頁)

測量項目三：軌道壓力調整器

確認指定測量項目題目，查閱修護手冊正確量測步驟及方式，使用正確量測工具(三用電錶)依照手冊正確步驟實行量測題目之量測點之正確數據，完成量測後，將場地恢復並清潔，填寫正確答案。

找出正確量測點及元件

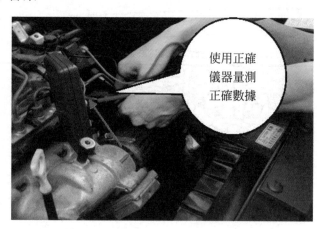

使用正確儀器量測正確數據

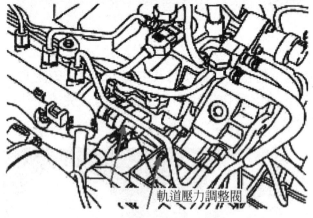

軌道壓力調整閥

修護手冊標準規格
$3.42\sim3.78\Omega[20°C(68°F)]$

【標準值】參閱 TUCSON 補充版(A)修護手冊(第 FL-77 頁)

測量項目四：燃油壓力調整閥

確認指定測量項目題目，查閱修護手冊正確量測步驟及方式，使用正確量測工具 (三用電錶)依照手冊正確步驟實行量測題目之量測點之正確數據，完成量測後，將場地恢復並清潔，填寫正確答案。

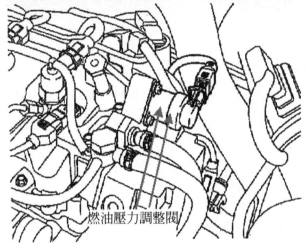

修護手冊標準規格
2.9～3.15Ω[20℃(68℉)]

【標準值】參閱 TUCSON 補充版(A)修護手冊(第 FL-75 頁)

測量項目五：發電機電壓量測：

依下列圖示連接電壓表，先行確認電壓錶上之讀數為 0V。在無負荷狀況下，將發電機轉速提升到每分鐘 5000 轉。查看電壓錶上的讀數。

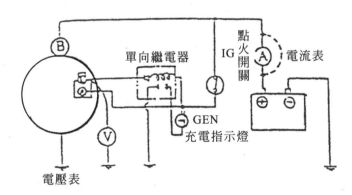

標準值：調整電壓為 14.7±0.3 V(低於 20℃)。

【標準值】參閱福特汽車載卡多 R2 柴油引擎修護手冊(5-9 頁)。

測量項目六：驅動皮帶撓曲度(舊皮帶)量測

檢查皮帶張立施加適當壓力(約 10 公斤)於兩皮帶間中央。檢查皮帶撓曲度，是否合乎規範值內。

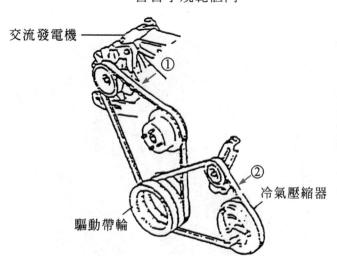

驅動皮帶	撓曲度	
	新的	舊的
①交流發電機	11～12 mm	12～14 mm
②冷氣壓縮機	4～5 mm	5～6 mm

【標準值】參閱福特汽車載卡多 R2 柴油引擎修護手冊(1B-9 頁)。

測量項目七：水箱蓋活門壓力量測

(1) 由水箱蓋活門和活門座間清除雜質。

(2) 接測試器於水箱蓋，漸失壓力檢查確定壓力維持在 0.75～1.05kg/cm²內。

(3) 等 10 秒檢查壓力是否降低。

(4) 如果能維持壓力則水箱蓋正常。

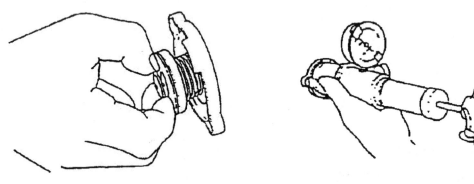

【標準值】參閱福特汽車載卡多 R2 柴油引擎修護手冊(3-8 頁)。

測量項目八：汽第一缸壓縮壓力量測
    (1) 拆卸所有然油噴射管、噴嘴、墊片和波紋墊片。
    (2) 解開斷電閥接頭。
    (3) 連接壓縮計接頭到指定缸噴油嘴安裝孔。
    (4) 安裝壓力表到連接器上。
    (5) 轉動引擎，檢查讀數是否超出極限。

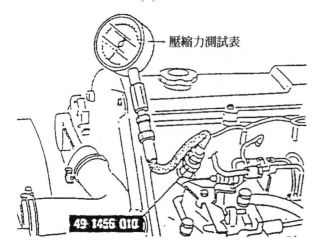

壓縮壓力 kg/cm²(lb/in²)每分鐘轉速	
標準	30(426) - 200
極限	27(384) - 200

【標準值】參閱福特汽車載卡多 R2 柴油引擎修護手冊(1B-9 頁)。

測量項目九：發電機無負荷電壓量測：
    (1) 依下列圖示連接電壓表，先行確認電壓錶上之讀數為 0V。
    (2) 打開點火開關，檢查以確定電壓錶上之讀數明顯的低於電瓶電壓(1～3V)。

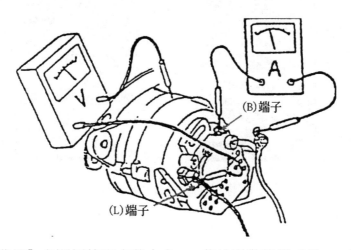

(B)端子
(L)端子

【標準值】參閱福特汽車載卡多 R2 柴油引擎修護手冊(5-9 頁)。

測量項目十：活塞頂部間隙(指定缸)

　　將針盤量規至於平坦之表面上，調整其刻度指針歸零。將針盤量規至汽缸體上並徐徐轉動曲軸。當指針到達上死點時，自量規上讀取活塞頂部與汽缸體頂部之間隙。檢查間隙在各活塞之前後位測量。

　　標準值：(−0.25～+0.10mm)。

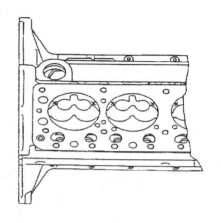

【標準值】參閱裕隆汽車 SD22 柴油引擎修護手冊(EA-22 頁)。

測量項目十一：曲軸端間隙

　　主軸承兩側軸端隙。在曲軸與主軸承間裝入上部止推墊圈，用撬動工具將曲軸推向一側以厚度規度量軸端隙。其標準 0.06～0.24 公厘。

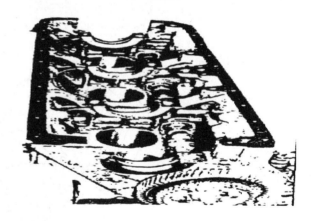

【標準值】參閱裕隆汽車 SD22 柴油引擎修護手冊(EA-19 頁)。

測量項目十二：汽缸套斜差(指定缸)

　　　　目視檢查：檢查有無割傷處。

　　　　度量缸套口徑：自 A、B 方向用內指針盤量規，於缸套垂直處度量之口徑並．
　　　　記錄測量所得之值。

　　　　標準值：消耗不得大於 0.02mm 垂直斜差不得大於 0.02mm 缸套失圓度不得大
　　　　於 0.03mm。

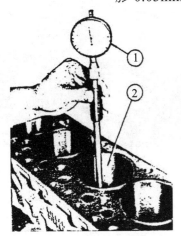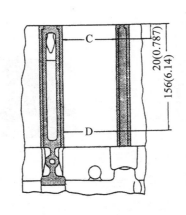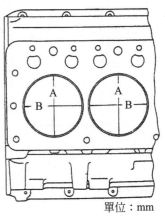

單位：mm

【標準值】參閱裕隆汽車 SD22 柴油引擎修護手冊(EP-12 頁)。

測量項目十三：汽缸體上表面翹曲度

　　　　目視檢查：檢查有無割傷處。

　　　　將直尺置與缸體頂部，用厚度規檢查翹曲度。

　　　　標準值：翹曲度須在 0.2mm 以下。

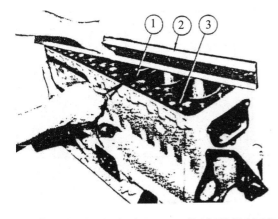

① 厚度規
② 直尺
③ 汽缸體

左圖為：檢查汽缸體上表面饒曲度(拆除汽缸套)

【標準值】參閱裕隆汽車 SD22 柴油引擎修護手冊(EP-11 頁)。

測量項目十四：汽缸套突出量(指定缸)

度量缸套凸緣之凸出量，確定其是否在 0.02～0.09mm 之間。

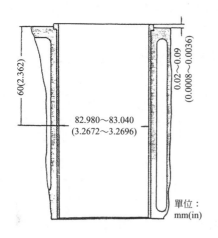

【標準值】參閱裕隆汽車 SD22 柴油引擎修護手冊(EP-26 頁)。

測量項目十五：噴射嘴噴射壓力(指定缸)

各汽缸之噴射開始壓力必須相等

(1) 每秒鐘一次行程之速率操動測試器之槓桿，並閱讀噴射時之壓力．燃料噴射時指針輕微振動。

(2) 壓力計指針為基礎，增減噴咀彈簧調整墊片厚度，至噴射開始壓力達至 100kg/cm 增加調整墊片厚度即增大噴射開始壓力。

標準值：100kg/cm。

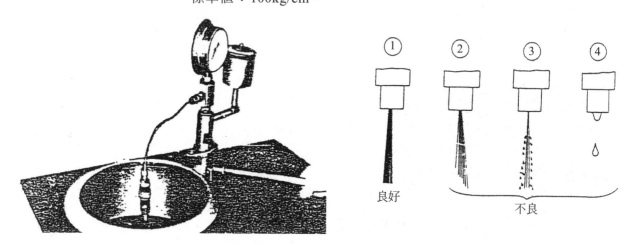

【標準值】參閱裕隆汽車 SD22 柴油引擎修護手冊(EF-51 頁)。

測量項目十六：風扇皮帶及其鬆緊度

    (1) 將風扇皮帶套上風扇，轉動發電機皮帶輪。

    (2) 用一適當之工具推動發電機，至風扇與發電機皮帶輪中心處。

        標準值：(鬆緊度)10～15mm。

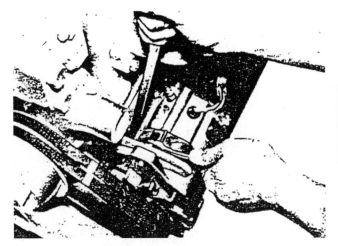

保養標準值	
標準	10～15mm
極限	15～20mm

【標準值】參閱裕隆汽車 SD22 柴油引擎修護手冊(EF-31 頁)。

測量項目十七：進氣門汽門桿直徑(指定缸)

    檢查汽門桿，如有磨損或刮傷過於明顯，則判定為損壞。

    標準值：(進氣門：7.970～7.985mm)(排氣門：7.945～7.960)。

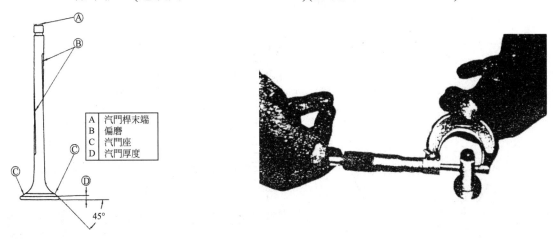

A	汽門桿末端
B	偏磨
C	汽門座
D	汽門厚度

45°

【標準值】參閱裕隆汽車 SD22 柴油引擎修護手冊(CH-21 頁)。

測量項目十八：汽缸壓縮比(指定缸)

　　　　　(1)　將壓縮錶之接頭裝上氣缸頭。旋緊(7.7～8.0kg-m)。鬆放離合器。

　　　　　(2)　將噴射泵操縱置於無噴油位置，關閉主開關，將啓動開關，鑰匙盡量向右轉使發動機轉動。測量曲軸轉速並同時觀察壓縮錶。一般在五秒內能達到最大讀數。

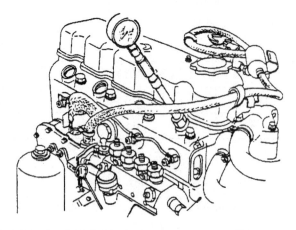

標準值：轉速在 200rpm 以下，讀數低於 25kg/cm
　　　　表示壓力不夠

【標準值】參閱裕隆汽車 SD22 柴油引擎修護手冊(ET-12 頁)。

測量項目十九：測量凸輪軸尖端高度(指定缸)

　　　　　目視檢查：檢查軸頸、凸輪表面、絲紋及鍵槽。如發現缺點，則判定爲損壞。

　　　　　測量凸輪間端高度，用分厘卡測量凸輪間端高度並紀錄結果。

　　　　　標準值：(高度低於)37.3mm。

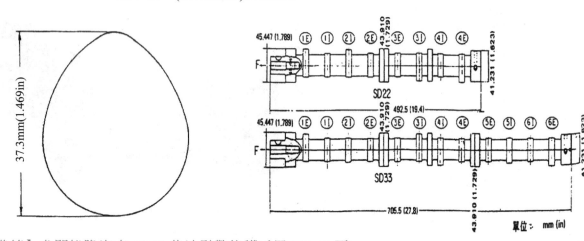

【標準值】參閱裕隆汽車 SD22 柴油引擎修護手冊(EP-17 頁)。

檢修故障項目：

(一) 實車檢修

第一題：TUCSON

考題確認、工具確認及清點、設備確認

護套、排檔護套、座椅護套、方向盤護套、葉子板護套、腳踏車護套

檢查機油量及冷卻液量 　　故障排除

1. VGT 控制電磁閥
2. 電動EGR 控制閥
3. 軌道壓力調整器
4. 燃油壓力調整閥

1. 進氣組年阻塞
2. 電動EGR 控制閥故障
3. 預熱塞繼電器故障
4. 供油泵繼電器故障
5. 空氣質量流量迴路過低或過高
6. 渦輪／增壓器增壓過度或不足
7. 凸輪軸位置感知器A迴路失效
8. 廢氣再循環控制迴路低電壓或高電壓
9. 冷氣繼器迴路控制迴路電壓過低
10. VGT 真空調節器
11. 油軌壓力調節閥功能問題
12. 水溫感知器功能問題
13. 燃油溫度迴路高輸入

查修故障確認點

查閱修護手冊量測方式及頁碼

使用正確工具設備

故障維修排除

將場地整理乾淨

填寫正確故障維修單及維修手冊頁碼

完成檢測及修護

實車檢修

範例一：進氣組件阻塞

如圖範例檢視空氣進氣系統異常，確認此元件是否損壞或阻塞，依照手冊維修方式故障排除(故障品更換＜填寫新品領料單＞線路異常恢復異常處)及車輛功能恢復測試，完成查修並將場地恢復清潔，填寫正確答案。

【標準值】參閱 TUCSON 補充版(A)修護手冊(第 EM-92 頁)

範例二：電動 EGR 控制閥故障

如圖範例電動 EGR 控制閥故障，確認此元件是否損壞或漏氣，依照維修方式故障排除(故障品更換＜填寫新品領料單＞線路異常恢復異常處)及車輛功能恢復測試，完成查修並將場地恢復清潔，填寫正確答案。

【標準值】參閱 TUCSON 補充版(A)修護手冊(第 FL-79 頁)

範例三：預熱塞繼電器故障

　　如圖範例診斷預熱塞繼電器故障，查閱修護手冊故障相關維修步驟及方式，確認此元件是否損壞或斷路，依照維修方式故障排除(故障品更換＜填寫新品領料單＞線路異常恢復異常處)及車輛功能恢復測試，完成查修並將場地恢復清潔，填寫正確答案。

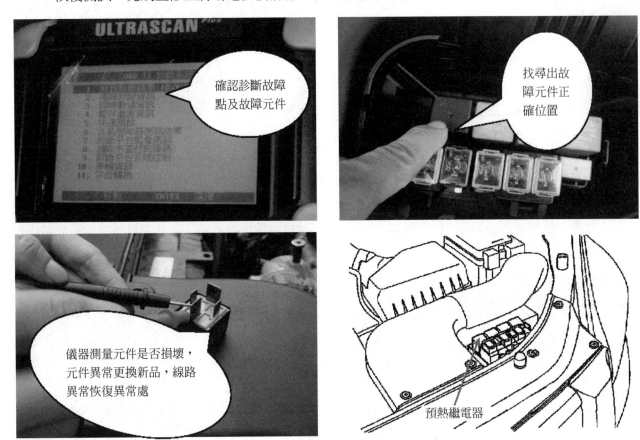

【標準值】參閱 TUCSON 電路故障排除手冊修護手冊(第 EM-39 頁)

範例四：供油泵繼電器故障

　　如圖範例診斷供油泵繼電器故障，查閱修護手冊故障相關維修步驟及方式，確認此元件是否損壞或斷路，依照維修方式故障排除(故障品更換＜填寫新品領料單＞線路異常恢復異常處)及車輛功能恢復測試，完成查修並將場地恢復清潔，填寫正確答案。

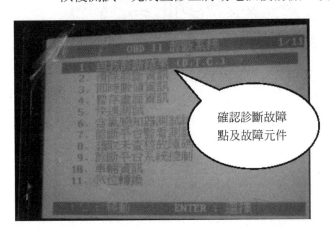

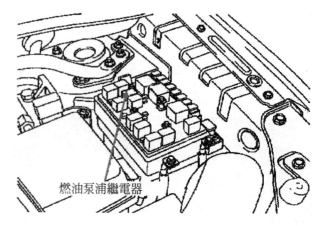

燃油泵浦繼電器

【標準值】參閱 TUCSON 電路故障排除手冊修護手冊(第 FL-654 頁)

範例五：空氣質量流量迴路過低或過高

如圖範例診斷空氣質量流量迴路過低或過高，查閱修護手冊故障相關維修步驟及方式，確認此元件是否損壞或線路異常，依照維修方式故障排除(故障品更換＜填寫新品領料單＞線路異常恢復異常處)及車輛功能恢復測試，完成查修並將場地恢復清潔，填寫正確答案。

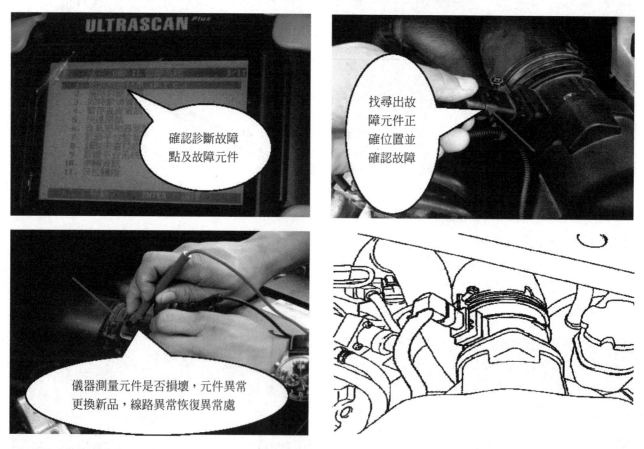

【標準值】參閱 TUCSON 補充版(A)修護手冊(第 FL-177 或 FL-181 頁)

範例六：渦輪／增壓器增壓過度或不足

如圖範例診斷渦輪／增壓器增壓過度或不足，查閱修護手冊故障相關維修步驟及方式，確認此元件是否損壞或線路異常，依照維修方式故障排除(故障品更換＜填寫新品領料單＞線路異常恢復異常處)及車輛功能恢復測試，完成查修並將場地恢復清潔，填寫正確答案。

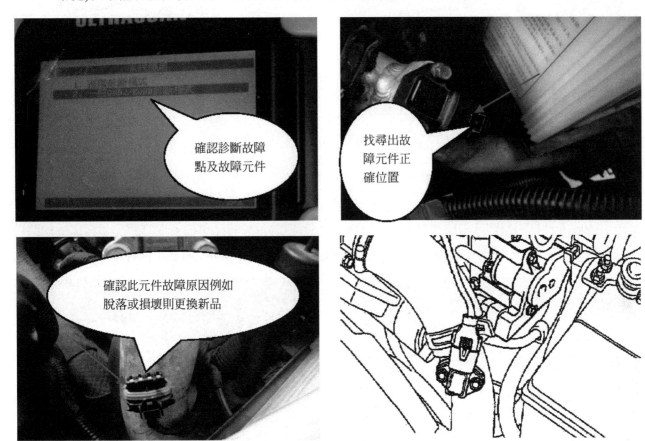

【標準值】參閱 TUCSON 補充版(A)修護手冊(第 FL-248 或 FL-282 頁)

範例七：凸輪軸位置感知器 A 迴路失效

如圖範例診斷凸輪軸位置感知器 A 迴路失效，查閱修護手冊故障相關維修步驟及方式，確認此元件是否損壞或線路異常，依照維修方式故障排除(故障品更換＜填寫新品領料單＞線路異常恢復異常處)及車輛功能恢復測試，完成查修並將場地恢復清潔，填寫正確答案。

 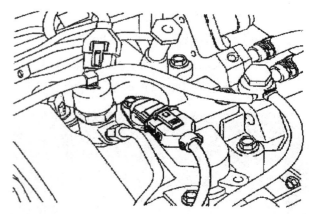

【標準值】參閱 TUCSON 補充版(A)修護手冊(第 FL301 頁)

範例八：廢氣再循環控制迴路低電壓或高電壓

　　如圖範例診斷廢氣再循環控制迴路低電壓或高電壓，查閱修護手冊故障相關維修步驟及方式，確認此元件是否損壞或線路異常，依照維修方式故障排除(故障品更換＜填寫新品領料單＞線路異常恢復異常處)及車輛功能恢復測試，完成查修並將場地恢復清潔，填寫正確答案。

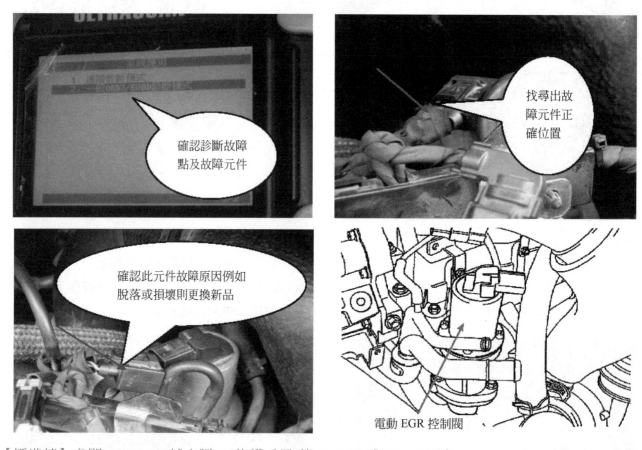

電動 EGR 控制閥

【標準值】參閱 TUCSON 補充版(A)修護手冊(第 FL-337 或 FL-344 頁)

範例九：冷氣繼器迴路控制迴路電壓過低

如圖範例診斷冷氣繼器迴路控制迴路電壓過低，查閱修護手冊故障相關維修步驟及方式，確認此元件是否損壞或斷路，依照維修方式故障排除(故障品更換＜填寫新品領料單＞線路異常恢復異常處)及車輛功能恢復測試，完成查修並將場地恢復清潔，填寫正確答案。

【標準值】參閱 TUCSON 電路故障排除手冊修護手冊(第 FL-410 頁)

範例十：VGT 眞空調節器

如圖範例診斷 VGT 眞空調節器，查閱修護手冊故障相關維修步驟及方式，確認此元件是否損壞或線路異常，依照維修方式故障排除(故障品更換＜填寫新品領料單＞線路異常恢復異常處)及車輛功能恢復測試，完成查修並將場地恢復清潔，填寫正確答案。

確認此元件故障原因例如
脫落或損壞則更換新品

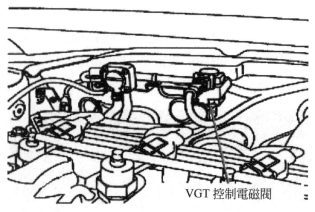

VGT 控制電磁閥

【標準值】參閱 TUCSON 補充版(A)修護手冊(第 FL-124 頁)

範例十一：油軌壓力調節閥功能問題

　　如圖範例診斷油軌壓力調節閥功能問題，查閱修護手冊故障相關維修步驟及方式，確認此元件是否損壞或線路異常，依照維修方式故障排除(故障品更換＜填寫新品領料單＞線路異常恢復異常處)及車輛功能恢復測試，完成查修並將場地恢復清潔，填寫正確答案。

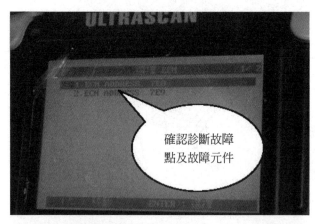

確認診斷故障
點及故障元件

找尋出故
障元件正
確位置

儀器測量元件是否損壞，元件異常
更換新品，線路異常恢復異常處

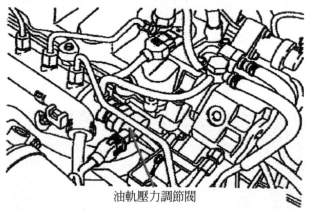

油軌壓力調節閥

【標準值】參閱 TUCSON 補充版(A)修護手冊(第 FL-146 頁)

範例十二：水溫感知器功能問題

如圖範例診斷水溫感知器功能異常，查閱修護手冊故障相關維修步驟及方式，確認此元件是否損壞或線路異常，依照維修方式故障排除(故障品更換＜填寫新品領料單＞線路異常恢復異常處)及車輛功能恢復測試，完成查修並將場地恢復清潔，填寫正確答案。

【標準值】參閱 TUCSON 補充版(A)修護手冊(第 FL-197 頁)TUCSON 補充版(A)

範例十三：燃油溫度迴路高輸入

如圖範例診斷燃油溫度迴路高輸入，查閱修護手冊故障相關維修步驟及方式，確認此元件是否損壞或線路異常，依照維修方式故障排除(故障品更換＜填寫新品領料單＞線路異常恢復異常處)及車輛功能恢復測試，完成查修並將場地恢復清潔，填寫正確答案。

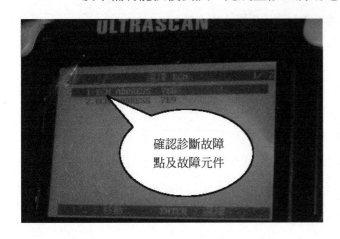
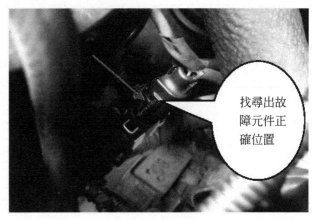

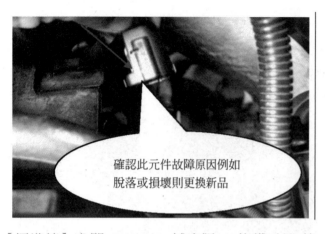
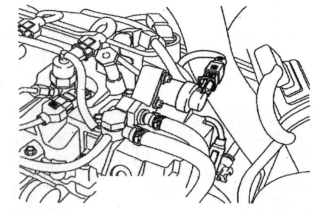

確認此元件故障原因例如
脫落或損壞則更換新品

【標準值】參閱 TUCSON 補充版(A)修護手冊(第 FL-216 頁)

檢修故障項目：

(一) 檢修柴油引擎以 SD22 為例

    1. 柴油引擎檢修程序：

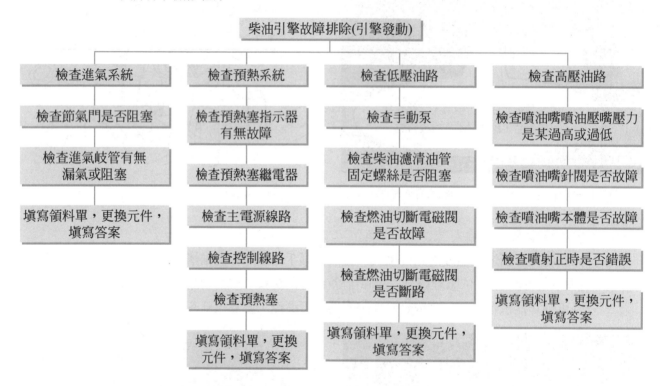

範例一：進氣組件漏氣(例如歧管真空洩漏等)

    故障現象：氣體自汽缸體與汽缸頭之間漏出。

    故障項目：墊圈損壞、缸頭螺栓鬆弛、汽缸體變形

    排除方法：換墊圈、依規定扭力鎖緊、修理或換汽缸體

【標準值】參閱裕隆汽車 SD22 柴油引擎修護手冊(ET-28 頁)。

範例二：進氣組件阻塞(例如空氣濾清器阻塞等)

　　　　　故障項目：1.有無雜音、會導致輸出率降低。

　　　　　排除方法：1.將濾清器蓋妥加裝置、換濾芯、修理或更換。

【標準值】參閱裕隆汽車 SD22 柴油引擎修護手冊(ET-28)

範例三：預熱塞故障

　　　　　目視檢查：預熱塞，凡有缺點者，應予更換。

　　　　　電阻檢查：電阻不在 1.45～1.75(歐姆)內者，應予更新。

　　　　　規定電壓：10.5V。

　　　　　規定電流：6.5V。

 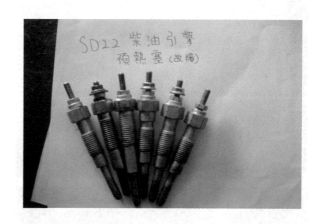

【標準值】參閱裕隆汽車 SD22 擎修護手冊(EE-47)

範例四：預熱塞繼電器故障

目視檢查預熱塞，凡有缺點者，則判定損壞

用三用電錶測量(接腳在繼電器外殼有圖)

標準值：1.45～1.75(歐姆)

【標準值】參閱裕隆汽車 SD22 護手冊(EE-47)

範例五：預熱塞電源線路故障

檢測：將鑰匙轉至 ON，檢查預熱塞指示燈有無正常作動。若引擎無預熱作用，使用三用電表歐姆檔檢查預熱塞電源電路。先拆開預熱塞電源線連接端子，量測兩端電源線是否有導通，若無則更換預熱塞電源線。

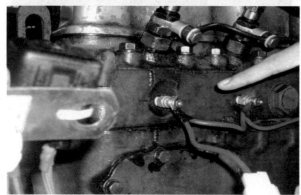

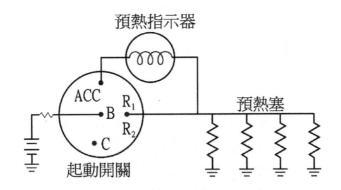

【標準值】參閱裕隆汽車 SD22 引擎修護手冊(EE-47)

範例六：供油手動泵故障(例如泵活塞破損等)

	供油率	在泵速一千轉時，15 秒鐘內供油 300CC 以上	
供油泵	油泵能量	油面低於供油泵一公尺(39.37 吋)及泵速 80 轉，一分鐘內應有燃料排出	
	供油壓力	在供油速度 600 轉之下供油壓力發展至 1.6kg/cm 所需時間不得超過 30 秒鐘	
	油泵能量(手動泵)	以每秒鐘 60 至 100 次操動手動泵，開始出油應在 30 行程內。	

【標準值】參閱裕隆汽車 SD22 修護手冊(EF-73)

範例七：燃料濾清器阻塞

檢查紙質濾芯有否堵塞，損壞或削落，如有不良換新

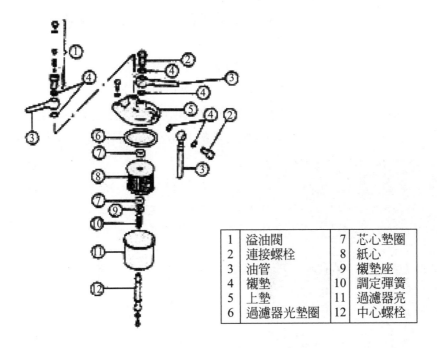

1	溢油閥	7	芯心墊圈
2	連接螺栓	8	紙心
3	油管	9	襯墊座
4	襯墊	10	調定彈簧
5	上墊	11	過濾器亮
6	過濾器光墊圈	12	中心螺栓

【標準值】參閱裕隆汽車 SD22 擎修護手冊(EF-53)

範例八：噴油嘴噴油開啓壓力明顯過高

各汽缸之噴射開始壓力必須相等。

啓動引擎後，引擎有異常抖動現象，檢查噴油嘴噴射開始壓力是否正常。

檢查步驟：

Step 1　拆下噴油嘴將噴嘴裝設於噴嘴試驗器上。

Step 2　壓放噴嘴試驗器手柄數次以排出空氣。

Step 3　當開始噴射時，慢慢放低噴嘴試驗器之手柄，檢查壓力表上顯示之值。

標準值：開始壓力 100kg/cm。

【標準值】參閱裕隆汽車 SD22 引擎修護手冊(EF-51 頁)

範例九：噴油嘴噴油開啓壓力明顯過低

檢測：啓動引擎後，引擎有異常抖動現象，檢查噴油嘴噴射開始壓力是否正常。

檢查步驟：

Step 1　拆下噴油嘴將噴嘴裝設於噴嘴試驗器上。

Step 2　壓放噴嘴試驗器手柄數次以排出空氣。

Step 3　當開始噴射時，慢慢放低噴嘴試驗器之手柄，檢查壓力表上顯示之值。

標準值：開始壓力低於 100kg/cm 則判定爲損壞。

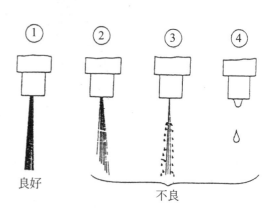

【標準值】參閱裕隆汽車 SD22 柴油引擎修護手冊(EF-51 頁)。

範例十：噴油嘴針閥卡死(例如阻塞，明顯的不噴油等)

　　檢測：啓動引擎後，引擎有異常抖動現象，檢查噴油嘴噴射開始壓力如果不噴油則檢查噴油嘴針閥是否有卡死現象。垂直拿著噴嘴體，並將它插入針閥約 3/1，看針閥以其自身重量降落到閥座。

【標準值】參閱裕隆汽車 SD22 柴油引擎修護手冊(EF-151 頁)。

範例十一：噴油嘴故障(例如油嘴漏油等)：

　　檢測：啓動引擎後，引擎有異常抖動現象，檢查噴油嘴噴射霧化狀況是否正常。

　　檢查步驟：

Step 1　拆下噴油嘴將噴嘴裝設於噴嘴試驗器上。

Step 2　壓放噴嘴試驗器手柄數次以排出空氣。

Step 3　保持油嘴測試氣的壓力規定在非操作的狀況中，很快將柄放低數次，並檢查霧化狀況。

　　　　檢察 a. 燃油霧化狀況均勻而適當。

　　　　　　 b. 噴射角度及方向正常。

【標準值】參閱裕隆汽車 SD22 柴油引擎修護手冊(EF-51 頁)。

檢修故障項目：

(一) 第三題：檢修柴油引擎以福特載卡多 R2 爲例

　　1. 柴油引擎檢修程序：

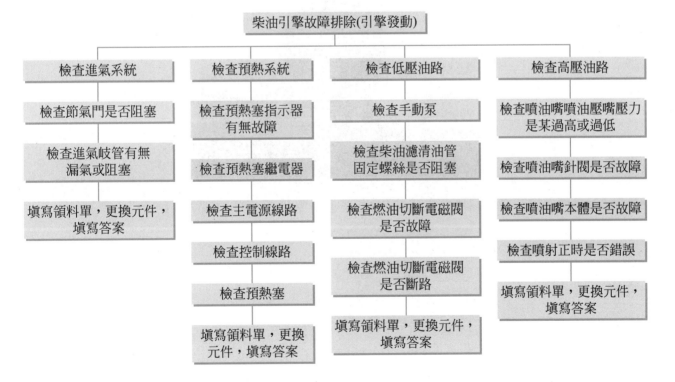

範例一：進氣組件漏氣(例如歧管真空洩漏等)

　　　　檢測：發動引擎，先行目視檢查進氣系統管路有無鬆脫及管路洩漏。再注意傾聽管
　　　　　　　路是否有漏氣聲音，找出進氣組件漏氣元件後予以調整或更換。

【標準值】參閱福特汽車載卡多 R2 柴油引擎修護手冊(1B-67 頁)。

範例二：進氣組件阻塞(例如空氣濾清器阻塞等)

　　　　檢測：發動引擎，若引擎無法啟動或有啟動進氣系統異常氣流聲音，檢查進氣組件
　　　　　　　是否有異物阻塞。檢查找出異物後予以調整檢修再進行啟動引擎測試。

異物阻塞

【標準值】參閱福特汽車載卡多 R2 柴油引擎修護手冊(1B-67 頁)。

範例三：預熱塞故障

　　檢測：將鑰匙轉至 ON，檢查預熱塞指示燈有無正常作動。若引擎無預熱作用，使用三用電表歐姆檔檢查預熱塞正極端子與氣缸頭之間通路。若沒有通路，即更換預熱塞。

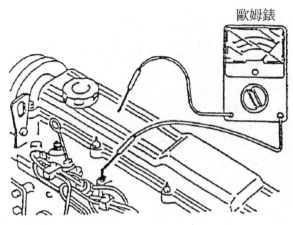

歐姆錶

【標準值】參閱福特汽車載卡多 R2 柴油引擎修護手冊(5-35～5-36 頁)。

範例四：預熱塞繼電器故障

　　檢測：將鑰匙轉至 ON，檢查預熱塞指示燈有無正常作動。若引擎無預熱作用，拆下預熱塞繼電器將電瓶接置如下圖示線圈端子腳位，用三用電表歐姆檔位兩根測試探棒接至預熱塞繼電器開關接點腳位。如果接上電瓶時，歐姆表顯示有通路，而電瓶被解開時即無通路，則繼電器是好的。如果不能通過測試，則更換預熱塞繼電器。

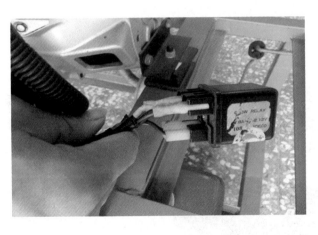
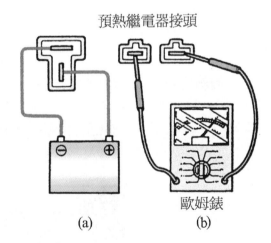

預熱繼電器接頭

歐姆錶

(a)　　　　　　　(b)

【標準值】參閱福特汽車載卡多 R2 柴油引擎修護手冊(5-36 頁)。

範例五：預熱塞電源線路故障

　　　　檢測：將鑰匙轉至 ON，檢查預熱塞指示燈有無正常作動。若引擎無預熱作用，使用
　　　　　　　三用電表歐姆檔檢查預熱塞電源電路。先拆開預熱塞電源線連接端子，量測
　　　　　　　兩端電源線是否有導通，若無則更換預熱塞電源線。

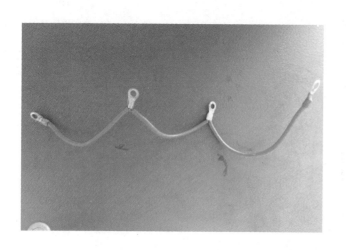
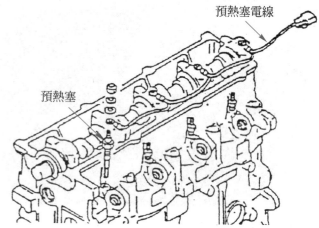

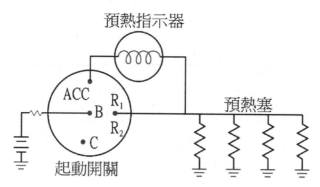

　　　　【標準值】參閱福特汽車載卡多 R2 柴油引擎修護手冊(5-6 頁)。

範例六：QSS 預熱控制線路故障

　　　　檢測：將鑰匙轉至 ON，檢查預熱塞指示燈有無正常作動。若指示燈不亮，檢查保險
　　　　　　　絲、預熱電路、預熱塞繼電器皆正常時則更換 QSS 預熱控制單元。若指示燈
　　　　　　　持續發亮，檢查指示燈電路正常時則更換 QSS 預熱控制單元。

QSS 預熱控制線路

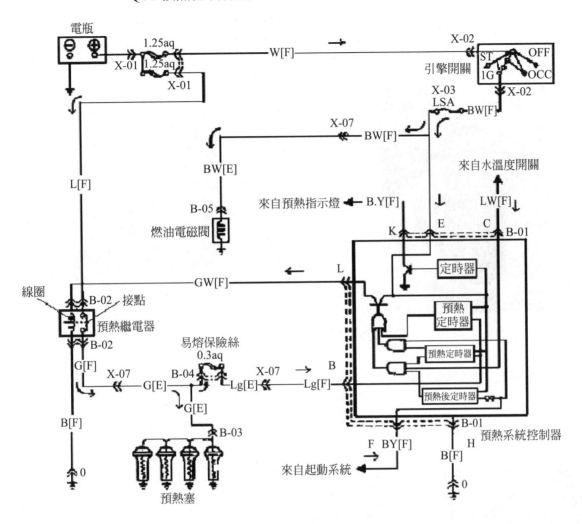

【標準值】參閱福特汽車載卡多 R2 柴油引擎修護手冊(5-34 頁)。

範例七：供油泵手動泵故障

　　檢查低壓油路，放鬆燃料濾清器放氣塞螺絲。壓送手動泵檢查柴油輸出狀態，若無油料流出則檢查燃料濾清器是否有阻塞現象。若無阻塞現象則更換手動泵。

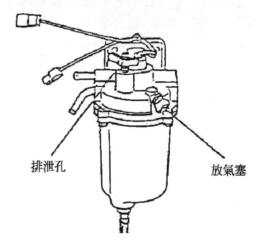

【標準值】參閱福特汽車載卡多 R2 柴油引擎修護手冊(4B-19 頁)。

範例八：燃料濾清器阻塞

　　檢查低壓油路，放鬆燃料濾清器放氣塞螺絲。壓送手動泵檢查柴油輸出狀態，若無油料流出則檢查燃料濾清器是否有阻塞現象。可使用適當燃料濾清器拆卸板手拆除，安裝完須排除空氣。

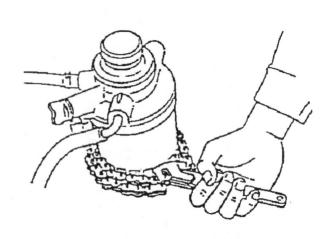

【標準值】參閱福特汽車載卡多 R2 柴油引擎修護手冊(4B-7 頁)。

範例九：燃料切斷電磁閥與接頭故障

　　檢測：當引擎運轉平順時，將燃料切斷電磁閥電線接頭解開引擎就會熄火，則燃料切斷電磁閥即處於正常狀況。如果解開燃料切斷電磁閥電線接頭而引擎仍不熄火，則燃料切斷電磁閥失效，須整組予以更換。

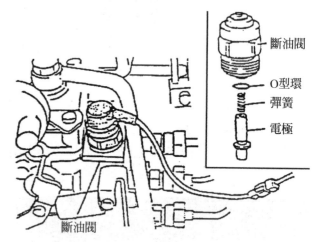

【標準值】參閱福特汽車載卡多 R2 柴油引擎修護手冊(4B-15 頁)。

範例十：燃料切斷電磁閥線路故障

檢測：如果解開燃料切斷電磁閥電線接頭而引擎仍不熄火，可拆下燃料切斷斷電磁閥上端電源線與電源端接頭。使用三用電表歐姆檔 200 檔位，量測燃料切斷電磁閥線路是否有斷路現象。若有斷路則更換新的電源線。

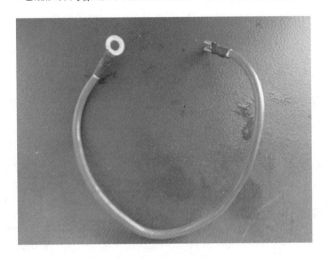

【標準值】參閱福特汽車載卡多 R2 柴油引擎修護手冊(4B-15 頁)。

範例十一：噴油嘴噴油開啓壓力明顯過高

檢測：啓動引擎後，引擎有異常抖動現象，以油管扳手逐一鬆開高壓油管與噴油嘴之接頭進行動力平衡測試，檢查噴油嘴噴射開始壓力是否正常。

檢查步驟：

Step 1　拆下噴油嘴將噴嘴裝設於噴嘴試驗器上。

Step 2　壓放噴嘴試驗器手柄數次以排出空氣。

Step 3　以每秒一次速度扳動噴嘴試驗器之手柄，當噴射開始時檢查壓力表上顯示之值。

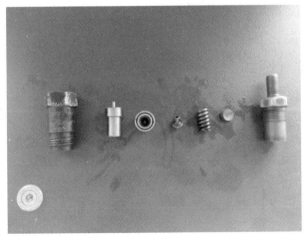 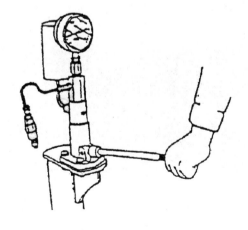

【標準值】參閱福特汽車載卡多 R2 柴油引擎修護手冊(4B-15～4B-17 頁)。

範例十二：噴油嘴噴油開啟壓力明顯過低：

　　　　檢測：啟動引擎後，引擎有異常抖動現象，檢查噴油嘴噴射開始壓力是否正常。

　　　　檢查步驟：

Step 1　拆下噴油嘴將噴嘴裝設於噴嘴試驗器上。

Step 2　壓放噴嘴試驗器手柄數次以排出空氣。

Step 3　以每秒一次速度扳動噴嘴試驗器之手柄，當噴射開始時檢查壓力錶上顯示之值。

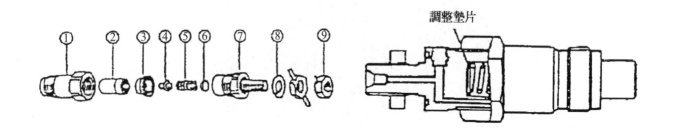

【標準值】參閱福特汽車載卡多 R2 柴油引擎修護手冊(4B-15～4B-17 頁)。

範例十三：噴油嘴針閥卡死(例如阻塞，明顯的不噴油等)

　　　　檢測：啟動引擎後，引擎有異常抖動現象，檢查噴油嘴噴射開始壓力如果不噴油則檢查噴油嘴針閥是否有卡死現象。垂直拿著噴嘴體，並將它插入針閥約 3/1，看針閥以其自身重量降落到閥座，若無則更換。

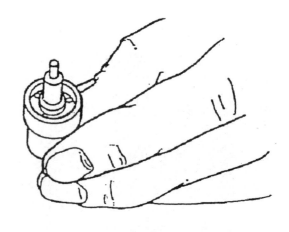

【標準值】參閱福特汽車載卡多 R2 柴油引擎修護手冊(4B-16 頁)。

範例十四：噴油嘴故障(例如油嘴漏油等)：

　　　　檢測：啟動引擎後，引擎有異常抖動現象，檢查噴油嘴噴射霧化狀況是否正常。

　　　　檢查步驟：

Step 1　　拆下噴油嘴將噴嘴裝設於噴嘴試驗器上。

Step 2　　壓放噴嘴試驗器手柄數次以排出空氣。

Step 3　　保持油嘴測試器的壓力規定在非操作的狀況中，很快將柄壓放數次，並檢查霧化狀況。

　　　　檢查 a. 燃油霧化狀況均勻而適當。

　　　　　　　b. 噴射角度及方向正常。

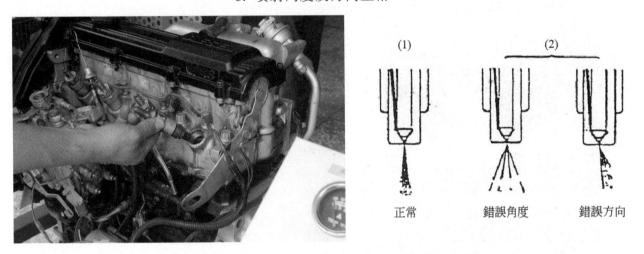

【標準值】參閱福特汽車載卡多 R2 柴油引擎修護手冊(4B-15～4B-17 頁)。

伍、汽車修護乙級技術士技能檢定術科測試試題

一、題目：第三站　檢修汽車底盤

二、使用車輛介紹：

1. 第一題：檢修汽車煞車系統
2. 廠牌／車型：日產 Cefiro
3. 年分：1997
4. 排氣量：2988c.c.

1. 第二題：檢修汽車懸吊系統與車輪定位
2. 廠牌／車型：福特 93 天王星
3. 年分：1993
4. 排氣量：2000c.c.

1. 第三題：檢修汽車動力轉向系統
2. 廠牌／車型：豐田 corona 1.6l
3. 年分：1993
4. 排氣量：1587c.c.

1. 第四題：檢修汽車自動變速系統
2. 廠牌／車型：馬自達 323
3. 年分：2001
4. 排氣量：1600c.c.

三、修護手冊使用介紹：

(一) A32 車系修護手冊(下)

(二) 93 年天王星修護手冊第二冊

(三) TOYOTA 底盤和車身修護手冊 CORONA

(四) 馬自達 323 Protege 1998 修護手冊(下)

四、使用儀器／工具說明：

特殊工具

(一) ABS 電腦診斷儀器(V70 1 號)

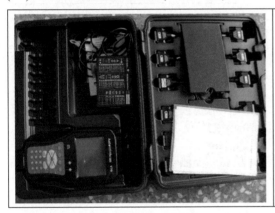

本工具使用於第三站第一題在車輛煞車系統故障及檢修測試車上電腦控制元件單元所使用之儀器
1. 用於車輛故障診斷及查詢
2. 用於車輛數據讀取及測試
3. 用於車輛故障碼清除恢復

(二) ABS 電腦診斷儀器操作說明(V70 1 號)

1. 儀器打開的畫面
2. 點選進階診斷模式
3. 點選 NISSAN/INFINITY
4. 點選 ENTER 鍵
5. 點選 5.防鎖煞車系統(ABS)
6. 點選 ENTER 鍵
7. 點選 1.測試故障碼
8. 顯示故障碼
9. 點選 3.清除故障碼
10. 故障碼已清楚，點選 EXIT 鍵離開

(三) 煞車試驗機

煞車試驗器

一、腳煞車：
　1. 總效能：大型車應逾車重 50%以上。
　　　　　　小型車及附掛之拖車車重 50%以上。
　2. 平衡度：每軸左、右兩輪之煞車力，兩者相差
　　　　　　不得超過 30%。
二、手煞車效能：
　應逾車重 16%以上(拖車不適用)。

(四) 側滑器

本工具使用於更換底盤懸吊系統之維修後調整及修正
該測試前束的角度之儀器
側滑標準：
側滑定位試驗器測試合格標準前輪偏滑程度不得超過
每公里正或負 5.0 公尺

(五) 前輪定位氣泡儀

本工具使用於更換底盤懸吊系統之維修後調整及修正
調整前輪角度定位之特工

(六)前輪定位轉盤

本工具使用於更換底盤懸吊系統之維修後調整及修正
調整輪胎轉動角度之特工

(七) 動力轉向油壓表

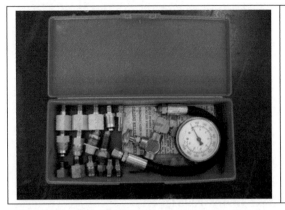

本工具使用於動力轉向系統及檢視動力轉向油壓之特工

(八) 轉向橫拉桿

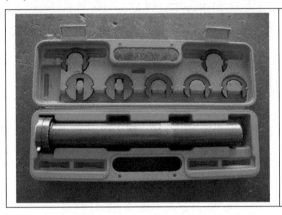

本工具使用於動力轉向系統及連桿拆卸球接頭之特工

(九) 自動變連動電腦診斷儀器(OBD-II)

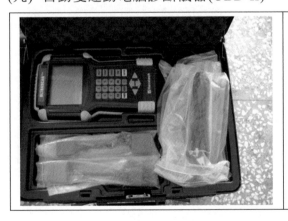

本工具使用於第三站第四題變速箱系統故障檢測之專用儀器
1. 用於車輛故障診斷及查詢
2. 用於車輛數據讀取及測試
3. 用於車輛故障碼清除恢復

(十)　自動變連動電腦診斷儀器操作說明(OBD-II)

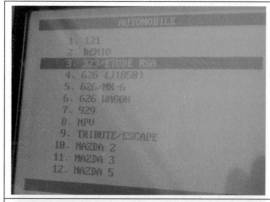

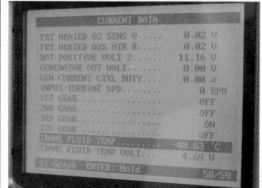

1. 儀器打開的畫面
2. 點選進階診斷模式
3. 點選 2.日本車系
4. 點選第 7 個 MAZDA NON-USA
5. 點選 1.DIAGNOSTICS
6. 點選 3.323/ETUDE RSA
7. 點選 1.POWERTRAIN
8. 點選 2.CURRENT DATA
9. 點選 TRANS FLUID TEMP

(十一)抽油機

本工具使用於抽取自動變速箱油之特工

(十二)變速箱油壓表

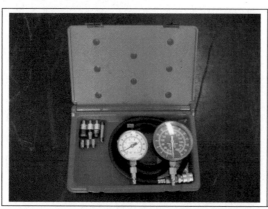

本工具使用於測量變速箱油壓之特工

伍、汽車修護乙級技術士技能檢定術科測試試題

(發應檢人、監評人員)

(本站在應試現場由監評人員會同應檢人，從應檢試題中任抽一題應考)

一、題目：檢修汽車底盤

二、說明：

(一) 應檢人檢定時之基本資料填寫、閱讀試題、發問及工具準備時間為 5 分鐘，操作測試時間為 30 分鐘，另操作測試時間結束後資料查閱、答案紙填寫(限已完成之工作項目內容)及工具／設備／護套歸定位時間為 5 分鐘。

(二) 使用提供之工具、儀器(含診斷儀器、使用手冊)、修護手冊及電路圖由應檢人依修護手冊內容檢修 2 項故障項目，並完成答案紙指定之 2 項測量項目工作。

(三) 檢查結果如有不正常，應依修護手冊內容檢修至正常或調整至廠家規範。

(四) **依據故障情況，應檢人得事先填寫領料單後，方可向監評人員提出更換零件或總成之請求，領料次數最多 5 項次。**

(五) 規定測試時間結束或提前完成工作，應檢人須將已經修復之故障檢修項目及測量項目值填寫於答案紙上，填寫測量項目實測值時，須請監評人員確認。

🈲 故障檢修時單一故障可能會造成多重故障碼顯示，仍須視為同一個故障項目。

(六) 電路線束不設故障，所以不准拆開，但接頭除外。

(七) 為保護檢定場所之電瓶及相關設備，起動引擎每次不得超過 10 秒鐘，再次起動時必須間隔 5 秒鐘以上，且不得連續起動 2 次以上。

(八) 應檢前監評人員應先將診斷儀器連線至檢定車輛，並確認其通訊溝通正常，車輛與儀器連線後之畫面應進入到診斷儀器之起始功能選擇項頁面。

(九) 應檢中應檢人可要求指導使用診斷儀器至起始功能選擇項頁面，但操作測試時間不予扣除。

(十) **若需移動車輛進行測試時(操作測試時間須扣除車輛移動時間)，由監評人員或服務人員進行駕駛測試，由應檢人將實測值填入答案紙內。**

(十一) **若測量項目為指定測量油壓者，須由服務人員依應檢人指示操作部位及工作步驟，協助安裝油壓錶；若為配合故障檢修項目而須測量油壓者，則由服務人員先行安裝油壓錶。**

(十二) 本站共有 4 題，應檢人依抽出試題應考。

第一題：檢修煞車系統
第二題：檢修懸吊系統與車輪定位
第三題：檢修動力轉向系統
第四題：檢修自動變速系統

三、評審要點：

(一) 操作測試時間：30 分鐘。測試時間終了，經評審制止不聽仍繼續操作者，則該項工作技能項目之成績不予計分。

(二) 技能標準：如評審表之工作技能項目。

(三) 作業程序及工作安全與態度(本項為扣分項目)：如評審表作業程序及工作安全與態度各評審項目。

伍、汽車修護乙級技術士技能檢定術科測試試題

第 3 站　檢修汽車底盤　　　　　　答案紙(一)　　　　　　(發應檢人)(第 1 頁共 3 頁)

姓　　名：_____　　檢定日期：_____　　監評人員簽名：_____

檢定編號：_____　　題號／崗位：_____

(一) 填寫檢修結果

說明：1. 答案紙填寫方式依現場修護手冊或診斷儀器用詞或內容，填寫於各欄位。

　　　2. 檢修內容之現象、原因及操作程序 3 項皆須正確，該項次才予計分。

　　(註) 故障檢修時單一故障可能會造成多重故障碼顯示，仍須視為同一個故障項目。

　　　3. 檢修內容不正確，則處理方式不予評分。

　　　4. 處理方式填寫及操作程序 2 項皆須正確，該項才予計分。處理方式必須含零件名稱
　　　　 (例：更換煞車分泵、調整...、清潔...、修護...、鎖緊等)。

　　　5. 未完成之工作項目，填寫亦不予計分。

項次	故障項目 (應檢人填寫)			評審結果(監評人員填寫)			
				操作程序		合格	不合格
				正確	錯誤		
1	檢修內容	現象					
		原因					
	處理方式						
2	檢修內容	現象					
		原因					
	處理方式						

故障設置項目：(由監評人員於應檢人檢定結束後填入)

故障項目項次 1._____

故障項目項次 2._____

伍、汽車修護乙級技術士技能檢定術科測試試題

第3站　檢修汽車底盤　　　　　　　答案紙(二)　　　　　　　(發應檢人)(第2頁共3頁)

姓　　名：_____　檢定日期：_____　監評人員簽名：_____

檢定編號：_____　題號／崗位：_____

(二) 填寫測量結果

說明：1. 應檢前，由監評人員依修護手冊內容，指定與本站應檢試題相關之兩項測量項目，事先於應檢前填入答案紙之測量項目欄，供應檢人應考。

2. 規範值以修護手冊之規範為準，**應檢人填寫標準值時應註明修護手冊之頁碼。**

3. **應檢人填寫實測值時，須請監評人員當場確認，否則不予計分。**

4. 規範值、手冊頁碼、實測值及判斷4項皆須填寫正確，且實測值誤差值在該儀器或量具之要求精度內，該項才予計分。

5. 未註明單位者不予計分。

項次	測量項目 (含測試條件) (監評人員事先填寫)	測量結果(應檢人填寫)				評審結果(監評人員填寫)		
		規範值	手冊頁碼	實測值 (含單位)	判斷	實測值 (含單位)	合格	不合格
1					□正　常 □不正常			
2					□正　常 □不正常			

伍、汽車修護乙級技術士技能檢定術科測試試題

第 3 站　檢修汽車底盤　　　　　**答案紙(三)**　　　　　(發應檢人)(第 3 頁共 3 頁)

姓　　名：＿＿＿＿＿＿　　檢定日期：＿＿＿＿＿＿　　監評人員簽名：＿＿＿＿＿＿

檢定編號：＿＿＿＿＿＿　　題號／崗位：＿＿＿＿＿＿

(三)領料單

說明：1. 應檢人應依據故障情況必須先填妥領料單後，向監評人員要求領取所要更換之零件或總成(監評人員確認領料單填妥後，決定是否提供應檢人零件或總成)。

　　　2. 應檢人填寫領料單後，要求更換零件或總成，若要求更換之零件或總成錯誤(應記錄於評審結果欄內)，每項次扣 2 分。

　　　3. 領料次數最多 5 項次。

項次	零件名稱(應檢人填寫)	數量(應檢人填寫)	評審結果 (監評人員填寫)
1			□ 正　確 □ 錯　誤
2			□ 正　確 □ 錯　誤
3			□ 正　確 □ 錯　誤
4			□ 正　確 □ 錯　誤
5			□ 正　確 □ 錯　誤

伍、汽車修護乙級技術士技能檢定術科測試試題

(發監評人員)

一、題目：檢修汽車底盤

二、說明：

(一) 監評人員請先閱讀應檢人試題說明，並要求應檢人應檢前先閱讀試題，再依試題說明操作。

(二) 請先檢查工具、儀器、設備及相關修護(使用)手冊是否齊全**若設置之故障或測量項目有使用到診斷儀器時，必須於應檢人應檢前事先接好，並確認可讀取功能正常。**

(三) 本站共設有 4 題，設置 5 個應檢工作崗位執行應檢。

(四) 本站測量項目共設有 2 項，應檢前由監評人員依修護手冊內容，於應檢前填入答案紙之測量項目欄，供應檢人應考。(測量項目爲本站範圍內相關底盤動態或靜態之測量，並且不得與故障設置項目重複)

(五) 告知應檢人填寫實測值時，須請監評人員當場確認，否則不予計分。

(六) 本站共設有 4 個題目，每個題目設置有 4 個故障群組，細分爲下列各系統。
第一題：檢修汽車煞車系統
第二題：檢修汽車懸吊系統與車輪定位
第三題：檢修汽車動力轉向系統
第四題：檢修汽車自動變速系統

(七) 本站共設有 5 個工作崗位，每個工作崗位設置 2 項故障，監評人員依檢定現場設備狀況並考量 30 分鐘應檢時間限制，依監評協調會抽出之故障群組組別，選擇適當之故障 2 項；2 項故障設置以不同一系統爲原則，惟得依檢定現況隨時更改故障項目。

(八) 設置故障時，若無相對之 OBD II 故障碼，請按故障內容依原廠之故障碼內容設置故障；故障設置前，須先確認設備正常無誤後，再設置故障。

🈖 設置之單一故障可能會造成多重故障碼顯示，仍須視爲同一個故障項目。

(九) 本站試題中若需移動車輛進行測試時，由監評人員或服務人員進行駕駛測試，由應檢人將實測值填入答案紙內。

(十) 若測量項目爲指定測量油壓者，須由服務人員依應檢人指示操作部位及工作步驟，協助安裝油壓錶；若爲配合故障檢修項目而須測量油壓者，則由服務人員先行安裝油壓錶。

故障設置群組

□第一題：檢修汽車煞車系統(視現況必要時，二個故障可設置同一系統內)

故障項目	群組一	群組二	群組三	群組四
1. ABS 警示燈故障		✓	✓	
2. 電磁閥或電磁線圈繼電器故障	✓			✓
3. 速度感知器故障			✓	✓
4. 速度感知器線路故障	✓	✓		
5. 泵浦馬達繼電器故障		✓	✓	
6. 保險絲、警示燈泡或線路故障	✓		✓	
7. ECU 故障		✓	✓	
8. 煞車燈開關故障	✓			✓
9. 手煞車開關故障		✓	✓	
10. 煞車踏板自由間隙異常	✓			✓
11. 煞車來令片不良		✓		✓
12. 煞車總泵故障			✓	
13. 煞車管路洩漏或空氣進入	✓			
14. 煞車分泵不良		✓		✓
15. 煞車分泵漏油	✓		✓	
16. 增壓器真空管路故障		✓		✓
17. 煞車油管故障	✓	✓		
18. 手煞車調整不良			✓	✓
19. 手煞車回復不良	✓		✓	
20. 煞車碟盤不良		✓		✓
21. 輪軸轂不良	✓		✓	
22. 煞車線路或管路故障		✓		✓
23. 煞車來令片沾上機油、黃油等油漬	✓		✓	

□第二題：檢修汽車懸吊系統與車輪定位(視現況必要時，二個故障可設置同一系統內)

故障項目	群組一	群組二	群組三	群組四
1. 前束不良	✓		✓	
2. 外傾角不良		✓		✓
3. 後傾角異常	✓	✓		
4. 方向盤最大角度不良			✓	✓
5. 輪軸承不良	✓			✓
6. 輪胎氣壓異常		✓	✓	
7. 前輪軸向間隙不良	✓		✓	
8. 轉向連桿或球接頭故障		✓		✓
9. 避震器故障	✓	✓		
10. 方向盤與車輪相對位置不良			✓	✓

□第三題：檢修動力轉向系統(視現況必要時，二個故障可設置同一系統內)

故障項目	群組一	群組二	群組三	群組四
1. 管路漏油	✓		✓	
2. 管路有空氣		✓		✓
3. 動力轉向油泵故障	✓	✓		
4. 動力轉向油量異常			✓	✓
5. 管路阻塞	✓	✓		
6. 轉向機防塵套故障			✓	✓
7. 轉向球形接頭故障	✓	✓		
8. 轉向齒輪固定螺絲鬆動(方向盤間隙太大)		✓	✓	
9. 轉向連桿不良(異常噪音)	✓			✓
10. 動力轉向油泵驅動皮帶故障		✓		✓
11. 轉向系統固定螺絲故障□	✓		✓	
12. 動力轉向作動時怠速不正確或熄火			✓	✓

□第四題：檢修自動變速系統(視現況必要時，二個故障可設置同一系統內)

故障項目	群組一	群組二	群組三	群組四
1. P0702 Transmission Control System Electrical 變速箱控制系統電路	✓	✓		
2. P0703 Torque Converter/Brake Switch B Circuit Malfunction 液體扭力變換器／煞車開關 B 回路失效		✓	✓	
3. P0704 Clutch Switch Input Circuit Malfunction 離合器開關輸入回路失效	✓			✓
4. P0705/P0706Transmission Range Sensor Circuit malfunction(PRNDL Input)變速箱檔位感知器回路失效		✓		✓
5. P0707 Transmission Range Sensor Circuit Low Input 變速箱檔位感知器回路低輸入	✓		✓	
6. P0708 Transmission Range Sensor Circuit High Input 變速箱檔位感知器回路高輸入			✓	✓
7. P0709 Transmission Range Sensor Circuit Intermittent 變速箱檔位感知器回路間歇	✓			✓
8. P0710 Transmission Fluid Temperature Sensor Circuit Malfunction 變速箱油溫感知器回路失效		✓		✓
9. P0712 Transmission Fluid Temperature Sensor Circuit Low Input 變速箱油溫感知器回路低輸入	✓		✓	
10. P0713 Transmission Fluid Temperature Sensor Circuit High Input 變速箱油溫感知器回路高輸入		✓	✓	
11. P0714 Transmission Fluid Temperature Sensor Circuit Intermittent 變速箱油溫感知器回路間歇	✓			✓
12. P0715 Input/Turbine Speed Sensor Circuit Malfunction 輸入／渦輪速度感知器回路失效		✓	✓	
13. P0717 Input/Turbine Speed Sensor Circuit No Signal 輸入／渦輪速度感知器回路沒有信號	✓		✓	
14. P0720 Output Speed Sensor Circuit Malfunction 輸出速度感知器回路失效		✓	✓	

15. P0722 Output Speed Sensor No Signal 輸出速度感知器回路無信號	✓			✓
16. P0725 Engine Speed input Circuit Malfunction 引擎速度輸入回路失效		✓		✓
17. P0727 Engine Speed Input Circuit No Signal 引擎速度輸入回路沒有信號	✓		✓	
18. P0730 Incorrect Gear Ratio 不正確的齒輪比		✓	✓	
19. P0740 Torque Converter Clutch Circuit Malfunction 液體扭力變換器離合器回路失效	✓			✓
20. P0745 Pressure Control Solenoid Malfunction 油壓控制電磁閥失效		✓		✓
21. P0765 Shift Solenoid D Malfunction 換檔電磁閥 D 失效	✓		✓	
22. P0770 Shift Solenoid E Malfunction 換檔電磁閥 E 失效		✓	✓	
23. P0780 Shift Malfunction 換檔失效	✓			✓
24. P0781 1-2 Shift Malfunction 1-2 檔換檔失效		✓		✓
25. P0782 2-3 Shift Malfunction 2-3 檔換檔失效	✓		✔	
26. P0783 3-4 Shift Malfunction 3-4 檔換檔失效		✓	✓	
27. P0784 4-5 Shift Malfunction 4-5 檔換檔失效	✓			✓
28. P0785 Shift/Timing Solenoid Malfunction 換檔 / 正時電磁閥失效		✓		✓
29. P0787 Shift/Timing Solenoid Low 換檔 / 正時電磁閥低輸入		✓	✓	
30. P0788 Shift/Timing Solenoid High 換檔 / 正時電磁閥高輸入	✓			✓
31. P0789 Shift/Timing Solenoid Intermittent 換檔電磁閥間歇故障		✓		✓
32. P0801 Reverse Inhibit Control Circuit Malfunction 倒檔抑制控制回路失效		✓	✓	
33. ATF 油質變質或髒污	✓			✓
34. ATF 油量異常		✓		✓
35. 引擎入檔時怠速不良或熄火	✓		✓	
36. 排檔桿位置調整不良		✓		✓
37. 抑制開關調整錯誤或線路故障	✓			
38. OD 開關或線路故障		✓	✓	
39. 各相關感知器故障	✓		✓	
40. 節流閥拉索調整不良		✓		✓

三、評審要點：

(一) 操作測試限時 30 分鐘，時間終了未完成者，應即令應檢人停止操作，並依已完成的工作技能項目評分，未完成的部分不給分；若經制止不聽仍繼續操作者，則該站不予計分。

(二) 依評審表中所列工作技能項目逐一評分，完成之項目則給全部配分，未完成則給零分。

(三) 評審表中作業程序、工作安全與態度之評分採扣分方式，各項(除更換錯誤零件外)依應檢人實際操作情形逐一扣分，並於備註欄內記錄事實。

伍、汽車修護乙級技術士技能檢定術科測試試題

第 3 站　檢修汽車底盤　　　　　　　　**評審表（發應檢人、監評人員）**

姓　　名：＿＿＿＿＿＿＿　　檢定日期：＿＿＿＿＿＿＿

檢定編號：＿＿＿＿＿＿　　監評人員簽名：＿＿＿＿＿＿

		得分	

評　　　　審　　　　項　　　　目		評　　　　定		備　　　　註
		配　分	得　分	
操 作 測 試 時 間	限時 30 分鐘。			
一、工作技能	1. 正確依操作程序檢查、測試及判斷故障，並正確填寫檢修內容(故障項目項次 1)	4	（　）	依答案紙(一)及操作過程
	2. 正確依操作程序調整或更換故障零件，並正確填寫處理方式(故障項目項次 1)	4	（　）	依答案紙(一)及操作過程
	3. 正確依操作程序檢查、測試及判斷故障，並正確填寫檢修內容(故障項目項次 2)	4	（　）	依答案紙(一)及操作過程
	4. 正確依操作程序調整或更換故障零件，並正確填寫處理方式(故障項目項次 2)	4	（　）	依答案紙(一)及操作過程
	5. 完成全部故障檢修工作且系統作用正常並清除故障碼	3	（　）	
	6. 正確操作及填寫測量結果(測量項次 1)	3	（　）	依答案紙(二)及操作過程
	7. 正確操作及填寫測量結果(測量項次 2)	3	（　）	依答案紙(一)及操作過程
二、作業程序及工作安全與態度(本部分採扣分方式)	1. 更換錯誤零件	每項次扣 2 分	（　）	依答案紙(三)
	2. 工作中必須維持良好習慣(例：場地整潔、工具儀器等不得置於地上等)，違者每件扣 1 分，最多扣 5 分	扣 1～5	（　）	
	3. 使用後工具、儀器及護套必須歸定位，違者每件扣 1 分，最多扣 5 分	扣 1～5	（　）	
	4. 有不安全動作或損壞工作物(含起動馬達操作)違者每次扣 1 分，最多扣 5 分。	扣 1～5	（　）	扣分項紀錄事實
	5. 不得穿著汗衫、短褲或拖、涼鞋等，違者每項扣 1 分，最多扣 3 分。	扣 1～3	（　）	
	6. 未使用葉子板護套、方向盤護套、座椅護套、腳踏墊、排檔桿護套等，違者每件扣 1 分，最多扣 5 分	扣 1～5	（　）	
合		計 25	（　）	

指定量測項目：

(一) 轉向系統量測

範例一：方向盤自由間隙量測

文字敘述：確認指定測量項目題目，查閱修護手冊正確量測步驟及方式，使用正確
量測工具(鋼尺)依照手冊正確步驟，實行量測題目之量測點，之正確數
據，完成量測後，將場地恢復並清潔，填寫正確答案。

白色為基準點
紅色為量測距離

上下施力讀取左側
紅色箭頭量測數據

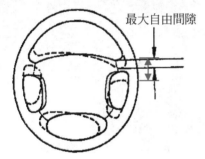
最大自由間隙

標準值
將車輪擺在朝正前方之位置，檢查方向盤之游隙。(如圖紅色箭頭) 方向盤之游隙：35mm(1.38in)或更少

【標準值】參閱 CEFIRO A32 車系修護手冊(下冊)(第 ST-5 頁)。

範例二：方向盤作用力量測

文字敘述：確認指定測量項目題目，查閱修護手冊正確量測步驟及方式，使用正確
量測工具(彈簧秤)依照手冊正確步驟，實行量測題目之量測點，之正確數
據，完成量測後，將場地恢復並清潔，填寫正確答案。

將特殊工具放置
適當施力點

輕輕往下拉
讀取量測數據

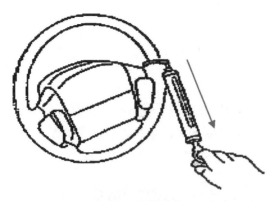

標準值
於方向盤自中立位置旋轉 360 度後檢查方向盤轉向力量。(如圖紅色箭頭) 方向盤轉向力量：39N(4kg,9lb)或更小

【標準值】參閱 CEFIRO A32 車系修護手冊(下冊)(第 ST-7 頁)。

範例三：轉向泵皮帶變形量檢查量測

確認指定測量項目題目，查閱修護手冊正確量測步驟及方式，使用正確量測工具(皮帶張力器)依照手冊正確步驟，實行量測題目之量測點，之正確數據，完成量測後，將場地恢復並清潔，填寫正確答案。

單位：mm(in)

	GVQ30DE-97 引擎
新皮帶 mm(in.)	6.5-7 (0.256-0.276)
舊皮帶 mm(in.)	7.3-8 (0.287-0.315)

【標準值】參閱 CEFIRO A32 修護手冊(上冊)(第 MA-13 頁)。

範例四：胎紋深度量測

　　確認指定測量項目題目，查閱修護手冊正確量測步驟及方式，使用正確量測工具(胎紋深度規)依照手冊正確步驟實行量測題目之量測點之正確數據，完成量測後，將場地恢復並清潔，填寫正確答案。

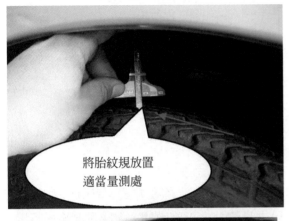

將胎紋規放置
適當量測處

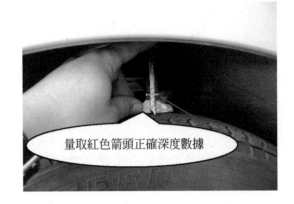

量取紅色箭頭正確深度數據

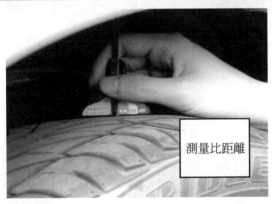

測量比距離

標準值
1.6mm 以上

【標準值】參閱 CEFIRO A32 修護手冊(下冊)(第 Q-4 頁)。

(二) 煞車系統

範例一：踏板高度量測

　　確認指定測量項目題目，查閱修護手冊正確量測步驟及方式，使用正確量測工具(鋼尺)依照手冊正確步驟實行量測題目之量測點之正確數據，完成量測後，將場地恢復並清潔，填寫正確答案。

將鋼尺放置踏板正確量測
位置並確認箭頭指處高度

讀取紅色箭頭量測正確數據

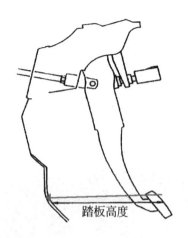

踏板高度

標準值
檢查踏板上表面中心至駕駛室前壁的距離是否合乎規定(如圖紅色箭頭) 踏板高度：222±5 公厘(8.47±0.20 吋)

【標準值】參閱 93 年天王星修護手冊(第 TD-2 頁)。

範例二：踏板自由或自由間隙

　　確認指定測量項目題目，查閱修護手冊正確量測步驟及方式，使用正確量測工具(鋼尺)依照手冊正確步驟實行量測題目之量測點之正確數據，完成量測後，將場地恢復並清潔，填寫正確答案。

將鋼尺放置踏板正確量測位置並確認箭頭指處高度

測量此距離

讀取紅色箭頭量測正確數據

標準值
用手按下煞車踏板直至有阻力感覺產生為止。如圖所示測量此段距離。(如圖紅色箭頭) 自由間隙：4-7 公分(0.6-0.28 吋)

【標準值】參閱 93 年天王星修護手冊(第 TD-2 頁)。

範例三：前煞車片厚度

確認指定測量項目題目，查閱修護手冊正確量測步驟及方式，使用正確量測工具(游標卡尺)依照手冊正確步驟實行量測題目之量測點之正確數據，完成量測後，將場地恢復並清潔，填寫正確答案。

使用游標卡尺量測來令片厚度

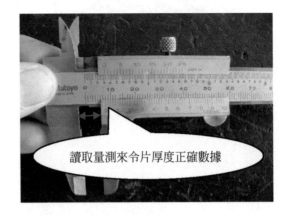

讀取量測來令片厚度正確數據

標準值
使用直尺測量煞車來令片厚度 標準厚度：12.0mm(0.472in.) 最小厚度：1.0mm(0.039in.) 如果厚度小於或等於最小值或磨損嚴重、磨損不平均，則應更換煞車片。

【標準值】參閱 TOYOTA 底盤和車身修護手冊 CORONA(第 BR16 頁)。

範例四：前煞車碟厚度

確認指定測量項目題目，查閱修護手冊正確量測步驟及方式，使用正確量測工具(外徑分厘卡或游標卡尺)依照手冊正確步驟，實行量測題目之量測點，之正確數據，完成量測後，將場地恢復並清潔，填寫正確答案。

使用游標卡尺量測煞車碟盤厚度

讀取量測碟盤厚度正確數據

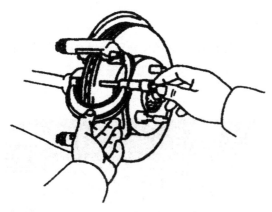

2. **測量煞車圓盤厚度**
   使用外徑分厘卡測量圓盤厚度。
   標準厚度：25.0mm(0.984in.)
   最小厚度：23.0mm(0.906in.)

【標準值】參閱 TOYOTA 底盤和車身修護手冊 CORONA(第 BR16 頁)。

範例五：踏板游隙

確認指定測量項目題目，查閱修護手冊正確量測步驟及方式，使用正確量測工具(鋼尺)依照手冊正確步驟，實行量測題目之量測，點之正確數據，完成量測後，將場地恢復並清潔，填寫正確答案。

將鋼尺放置踏板
正確量測位置

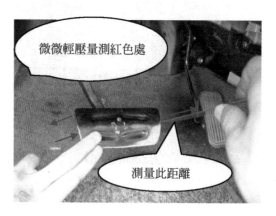

微微輕壓量測紅色處

測量此距離

標準值
用手按下煞車踏板直至有阻力感覺產生為止。如圖所示測量此段距離。(如圖紅色箭頭)踏板游隙：1-6mm(0.04-0.24in.)

【標準值】參閱 TOYOTA 底盤和車身修護手冊 CORONA(第 BR-05 頁)。

ABS 故障碼讀取	代碼：21、22、25、26、31、32、35、36
ABS WSS 電阻值	WSS：0.8～1.2 kΩ
動力轉向油壓值/怠速	800 PSI
AT 各電磁閥電阻值或 DTC	−40℃～160℃ 250～600 Ω

檢修故障項目：

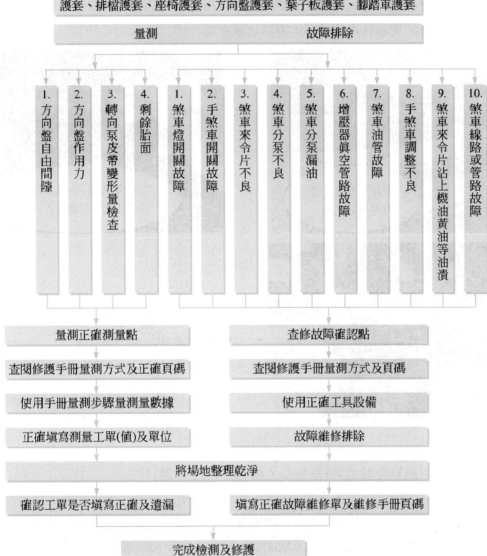

(一)檢修汽車煞車系統

第一題：煞車系統

考題確認、工具確認及清點、設備確認

護套、排檔護套、座椅護套、方向盤護套、葉子板護套、腳踏車護套

量測　　　　　　　　　故障排除

| 1. 方向盤自由間隙 | 2. 方向盤作用力 | 3. 轉向泵皮帶變形量檢查 | 4. 剩餘胎面 | 1. 煞車燈開關故障 | 2. 手煞車開關故障 | 3. 煞車來令片不良 | 4. 煞車分泵不良 | 5. 煞車分泵漏油 | 6. 增壓器真空管路故障 | 7. 煞車油管故障 | 8. 手煞車調整不良 | 9. 煞車來令片沾上機油黃油等油漬 | 10. 煞車線路或管路故障 |

量測正確測量點　　　　　　　　　查修故障確認點

查閱修護手冊量測方式及正確頁碼　　查閱修護手冊量測方式及頁碼

使用手冊量測步驟量測量數據　　　　使用正確工具設備

正確填寫測量工單(值)及單位　　　　故障維修排除

將場地整理乾淨

確認工單是否填寫正確及遺漏　　　填寫正確故障維修單及維修手冊頁碼

完成檢測及修護

檢修汽車煞車系統

範例一：煞車燈開關故障(以日產 CEFIRO A32 為例)

(如圖範例：煞車燈異常亮起，檢查煞車燈開關是否作用不良或損壞)查閱修護手冊正確維修步驟及方式，依照維修手冊步驟檢查及量測煞車燈開關是否作用不良或線路脫落，確認煞車燈開關損壞時(更換新品須填寫領料單，無須更換新品故障恢復)更換新品煞車開關完成故障排除後檢視車上功能是否恢復正常規範，完成故障排除後將場地恢復並清潔，填寫正確答案。

無踩煞車踏板煞車燈異常亮起

檢測煞車燈開關是否作用不良或損壞及線路是否異常

檢查及量測煞車燈開關是否作用不良或線路脫落，確認煞車燈開關損壞

【標準值】參閱 CEFIRO A32 車系修護手冊(下冊)(第 EL51 頁)。

範例二：手煞車開關故障(以日產 CEFIRO A32 為例)

(如圖範例：手煞車拉起時儀錶指示燈不亮，檢查手煞車開關線路是否脫落或開關作用不良，或者手煞車指示燈燒壞)查閱修護手冊正確維修步驟及方式，依照維修手冊步驟檢查及量測手煞車燈開關，確認手煞車燈開關損壞時(更換新品須填寫領料單，無須更換新品故障恢復)更換新品煞車開關完成故障排除後檢視車上功能是否恢復正常規範，完成故障排除後將場地恢復並清潔，填寫正確答案。

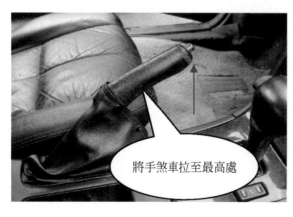
將手煞車拉至最高處

檢視儀表板手煞車燈是否異常(可能不亮，燈泡損壞)

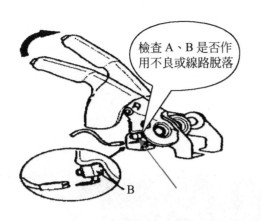

H50. 1995～1997 煞車燈系統線路圖(1/1)

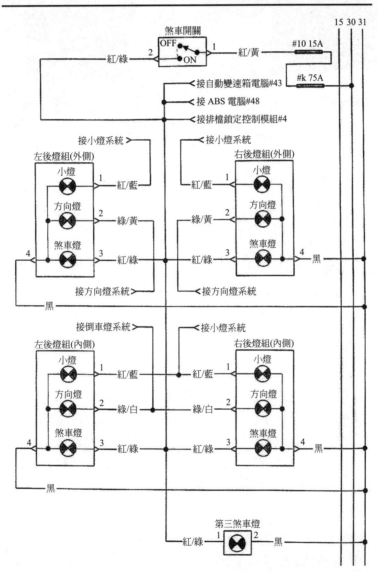

【標準值】參閱 CEFIRO A32 車系修護手冊(下冊)(第 BR23～BR24 頁)。

範例三：煞車來令片不良(以日產 CEFIRO A32 為例)

(如圖範例：檢視煞車來令片磨損達警界線，煞車來令片不良過薄)查閱修護手冊正確維修步驟及方式，依照維修手冊步驟檢查及量測煞車來令片，確認煞車來令片損壞時(更換新品須填寫領料單，無須更換新品故障恢復)更換新品煞車來令片完成故障排除後檢視車上功能是否恢復正常規範，使用煞車試驗機測試煞車試驗力，完成故障排除後將場地恢復並清潔，填寫正確答案。

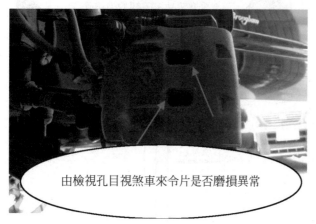

由檢視孔目視煞車來令片是否磨損異常

煞車來令片異常磨損過薄時更換整組煞車來令片完成故障排除

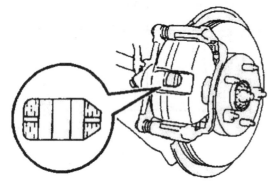

標準值
標準煞車片厚度：11mm(0.43in) 煞車片磨耗極限：2.0mm(0.079in) 注意煞車油油面高度因推回活塞時煞車遊會回流到油壺。

【標準值】參閱 CEFIRO A32 車系修護手冊(下冊)(第 BR12～BR16 頁)。

範例四：煞車分泵不良(以日產 CEFIRO A32 為例)

(如圖範例：煞車分邦活塞阻塞，煞車分邦不良)查閱修護手冊正確維修步驟及方式，依照維修手冊步驟檢查煞車分邦，確認煞車分邦損壞時(更換新品須填寫領料單，無須更換新品故障恢復)更換新品煞車分邦完成故障排除後檢視車上功能是否恢復正常規範，使用煞車試驗機測試煞車試驗力，完成故障排除後將場地恢復並清潔，填寫正確答案。

目視煞車分泵活塞是否咬死

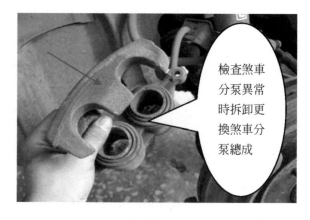

檢查煞車分泵異常時拆卸更換煞車分泵總成

將煞車分泵更換後固定螺絲確實鎖緊完成故障排除

故障排除後使用專業儀器測試煞車力

【標準值】參閱 CEFIRO A32 車身修護手冊(下冊)(第 BR4～BR6 頁)。

範例五：煞車分邦漏油(以日產 CEFIRO A32 爲例)

(如圖範例：煞車分邦活塞漏油，煞車分邦總成漏油損壞)查閱修護手冊正確維修步驟及方式，依照維修手冊步驟檢查煞車分邦，確認煞車分邦漏油損壞時(更換新品須填寫領料單，無須更換新品故障恢復)更換新品煞車分邦完成故障排除後檢視車上功能是否恢復正常規範，使用煞車試驗機測試煞車試驗力，完成故障排除後將場地恢復並清潔，填寫正確答案。

將煞車分泵固定螺絲拆卸

檢視煞車分泵活塞處是否漏油，確認漏油更換分泵總成

用工具排放系統內空氣完成故障排除

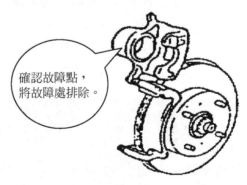
確認故障點，將故障處排除。

【標準值】參閱 CEFIRO A32 車系修護手冊(下冊)(第 BR4～BR6 頁)。

範例六：增壓器眞空管路故障(以日產 CEFIRO A32 爲例)

(如圖範例：煞車增壓器眞空管漏氣，煞車眞空管破損)查閱修護手冊正確維修步驟及方式，依照維修手冊步驟檢查煞車增壓器眞空管路，確認增壓器眞空管異常破損時(更換新品須填寫領料單，無須更換新品故障恢復)更換新品增壓器眞空管路完成故障排除後檢視車上功能是否恢復正常規範，完成故障排除後將場地恢復並清潔，填寫正確答案。

檢視煞車眞壓器眞空管路是否損壞阻塞或漏氣

確認煞車增壓器眞空管路異常時更換眞空管完成故障排除

眞空管

確認故障處如圖範例煞車增壓器眞空管可能漏氣、破損、阻塞，研判煞車眞空管不良，將煞車眞空管異常品更換，完成故障處排除。

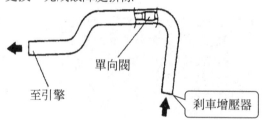

至引擎

單向閥

刹車增壓器

【標準值】參閱 CEFIRO A32 車系修護手冊(下冊)(第 BR11 頁)。

範例七：煞車油管故障(以日產 CEFIRO A32 爲例)

(如圖範例：煞車油管異常漏油，煞車油管管路破損)查閱修護手冊正確維修步驟及方式，依照維修手冊步驟檢查煞車油管，確認煞車油管異常破損時(更換新品須填寫領料單，無須更換新品故障恢復)更換新品煞車油管完成故障排除後檢視車上功能是否恢復正常規範，使用煞車試驗機測試煞車試驗力，完成故障排除後將場地恢復並清潔，填寫正確答案。

目視煞車油管是否損壞

煞車油管異常處破洞、漏油

確認煞車油管損壞後更換煞車油管完成故障排除

故障排除後使用專業儀器測試煞車力

【標準值】參閱 CEFIRO A32 車系修護手冊(下冊)(第 BR3～BR6 頁)。

範例八：手煞車調整不良(以日產 CEFIRO A32 爲例)

(如圖範例：手煞車高度調整不良,調整手煞車調整螺帽修正高度)查閱修護手冊正確維修步驟及方式,依照維修手冊步驟檢查,確認手煞車調整不良時(更換新品須填寫領料單,無須更換新品故障恢復)調整手煞車螺帽至車輛規範 6-8 響內完成故障排除後檢視車上功能是否恢復正常規範,完成故障排除後將場地恢復並清潔,填寫正確答案。

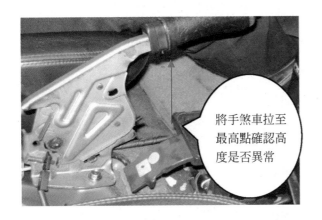

將手煞車拉至最高點確認高度是否異常

檢視異常後將手煞車高度螺帽調整車輛規範6～8響完成故障排除

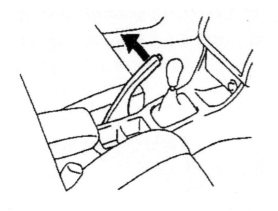

標準值
以規定的力量拉手煞車握把,檢查其行程並確認作用平順。 刻痕數(響數)：6-8[196N(20kg,44lb)]

【標準值】參閱 CEFIRO A32 車系修護手冊(下冊)(第 BR23～BR24 頁)。

範例九：煞車來令片沾上機油黃油等油漬(以日產 CEFIRO A32 為例)
(如圖範例：煞車來令片上異常油漬明顯，煞車來令片損壞時)查閱修護手冊正確維修步驟及方式，依照維修手冊步驟檢查煞車來令片異常不良時(更換新品須填寫領料單，無須更換新品故障恢復)更換新品煞車來令片新品完成故障排除後檢視車上功能是否恢復正常規範，使用煞車試驗機測試煞車試驗力，完成故障排除後將場地恢復並清潔，填寫正確答案。

經由檢查煞車來令片如圖範例：檢查煞車來令片異常，如油漬或髒汙時更換煞車來令片。
最小厚度：1.0mm(0.039in.)

【標準值】參閱 CEFIRO A32 車系修護手冊(下冊)(第 BR12～BR16 頁)。

範例十：煞車線路或管路故障(以日產 CEFIRO A32 為例)
(如圖範例：煞車管路故障、煞車管路阻塞)查閱修護手冊正確維修步驟及方式，依照維修手冊步驟檢查管路，確認煞車管路阻塞損壞時(更換新品須填寫領料單，無須更換新品故障恢復)更換新品煞車管路完成故障排除後檢視車上功能是否恢復正常規範，使用煞車試驗機測試煞車試驗力，完成故障排除後將場地恢復並清潔，填寫正確答案。

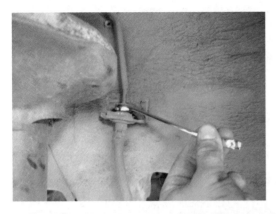

(a) 將塑膠管連接到煞車分泵放棄螺絲。
(b) 踩下煞車踏板數次然後踩住,旋鬆放氣螺絲。
(c) 當煞車油路停止流出時鎖緊放氣螺絲,然後再放鬆
　　踏板。
(d) 重複(b)和(c)步驟,直到煞車油中沒有氣泡為止。
(e) 對每一車輛重複前面相同步驟,將煞車管路的空氣
　　排除。

【標準值】參閱 CEFIRO A32 車系修護手冊(下冊)(第 BR3～BR6 頁)。

範例十一:ABS 故障燈亮(以日產 CEFIRO A32 為例)
　　　　　(如圖範例:64-電磁閥繼電器異常)查閱修護手冊正確維修步驟及方式,依照維修
　　　　　手冊步驟檢查及量測 ABS 系統保險絲,確認保險絲斷路時(更換新品須填寫領料
　　　　　單,無須更換新品故障恢復)更換新品保險絲後以 V70 診斷電腦清除故障碼,完成
　　　　　故障排除後檢視車上功能是否恢復正常規範,完成故障排除後將場地恢復並清
　　　　　潔,填寫正確答案。

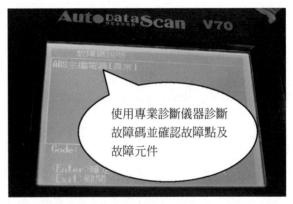

檢查煞車系統正確故障處,發動車子 ABS 故障燈異常
亮起,使用診斷 V70 檢測故碼,確認故障完成排除之
後,再使用 V70 清除故障碼。

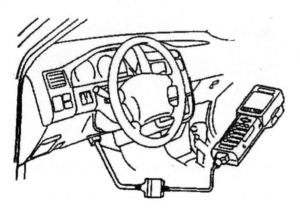

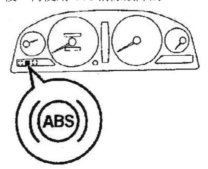

【標準值】參閱 CEFIRO A32 車系修護手冊(下冊)(第 BR29 頁)。

(二)檢修汽車懸吊系統與車輪定位

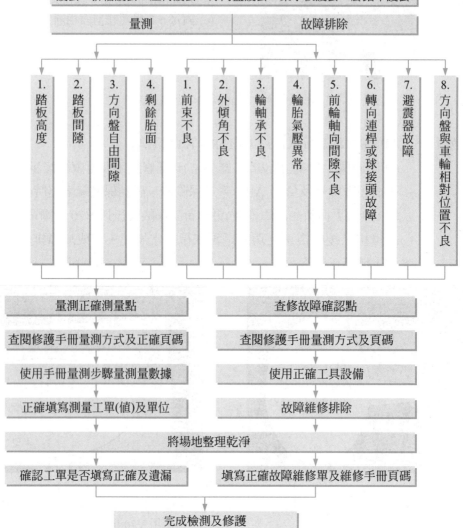

第二題：檢修汽車懸吊系統與車輪定位

考題確認、工具確認及清點、設備確認

護套、排檔護套、座椅護套、方向盤護套、葉子板護套、腳踏車護套

| 量測 | 故障排除 |

1. 踏板高度
2. 踏板間隙
3. 方向盤自由間隙
4. 剩餘胎面

1. 前束不良
2. 外傾角不良
3. 輪軸承不良
4. 輪胎氣壓異常
5. 前輪軸向間隙不良
6. 轉向連桿或球接頭故障
7. 避震器故障
8. 方向盤與車輪相對位置不良

| 量測正確測量點 | 查修故障確認點 |

| 查閱修護手冊量測方式及正確頁碼 | 查閱修護手冊量測方式及頁碼 |

| 使用手冊量測步驟量測數據 | 使用正確工具設備 |

| 正確填寫測量工單(值)及單位 | 故障維修排除 |

將場地整理乾淨

| 確認工單是否填寫正確及遺漏 | 填寫正確故障維修單及維修手冊頁碼 |

完成檢測及修護

二、檢修汽車懸吊系統與車輪定位

範例一：前束不良(以 93 年天王星為例)

(如圖範例：發現前束角度異常)查閱修護手冊正確維修步驟及方式，依照維修手冊步驟使用特殊工具(前束規)實行故障排除，將故障恢復車輛標準規範內，使用輪胎前束儀器測量前束，並且使用專業側滑器去測量前束是否正常，完成故障排除後將場地清潔恢復填寫正確答案單。

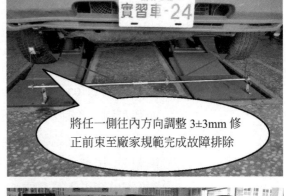

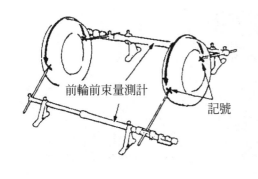

【標準值】參閱 93 年天王星修護手冊第二冊(第 R-7～R-8 頁)。

範例二：傾角不良：以 93 年天王星為例

(如圖範例：外傾角度異常)查閱修護手冊正確維修步驟及方式，依照維修手冊步驟使用特殊工具(水平氣泡儀)確認外傾角度異常時，實行故障排除，將故障恢復之車輛標準規範內，使用側滑器去測量是否前束正常，完成故障排除後將場地清潔恢復填寫正確答案單。

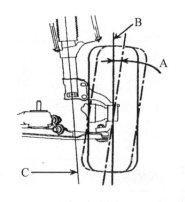

標準值
連接外傾角量表到車輪接頭上，然後量測外傾角大小 外傾角：0° 17´ ±45´ 左／又差值：外傾角：30´最大值

【標準值】參閱 90 年天王星修護手冊第二冊(第 R-11～R-12 頁)。

範例三：軸承不良(以 93 年天王星為例)

(如圖範例：輪軸承總成不良，檢查輪軸承間隙過大或咬死)查閱修護手冊正確維修步驟及方式，確認輪軸承咬死損壞依照維修手冊步驟實行故障排除，將故障恢復之車輛標準規範內，使用側滑器去測量前束是否符合規範，完成故障排除後將場地清潔恢復填寫正確答案單。

確認故障點如圖範例輪軸承咬死輪胎無法轉動

拆下輪軸承總成元件

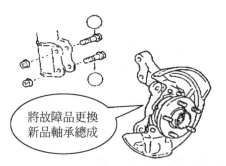

將故障品更換新品軸承總成

確認更換軸承總成後完成故障排除功能恢復正常

【標準值】參閱 93 年天王星修護手冊第二冊(第 M-6 頁)。

範例四：胎氣壓異常(以 93 年天王星為例)

(如圖範例：發現任何一輪的輪胎胎壓不足或偏低)查閱修護手冊正確維修步驟及方式，依照維修手冊步驟使用胎壓錶實行故障排除並將四輪胎壓檢查是否合乎規範內，將故障恢復之車輛標準規範內，完成故障排除後將場地清潔恢復填寫正確答案單。

檢視胎壓異常不足偏低

使用胎壓表將胎壓不足之
輪胎充氣至標準規範內

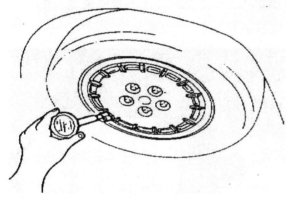

標準值		
胎壓 kpa (kg/cm² , psi)	前	216(2.2，31)or196(2.0，28)
	後	177(1.8，26)

【標準值】參閱 93 年天王星修護手冊第二冊(第 Q5 頁)。

範例五：輪軸向間隙不良(以 93 年天王星為例)

(如圖範例：輪胎上下晃動間隙大，中心軸螺帽鬆脫，造成軸向間隙過大)查閱修護手冊正確維修步驟及方式，依照維修手冊步驟使用特殊工具(氣泡儀量測)確認軸向間隙異常過大，實行故障排除使用扭力板手將中心軸螺帽扭力上緊至 200N-m，將故障恢復之車輛標準規範內，使用側滑器去測量前束是否正常，完成故障排除後將場地清潔恢復填寫正確答案單。

確認故障點如圖範例
中心軸間隙異常過大

查閱手冊將
故障異常處
恢復車輛規
範值內如圖
上扭力

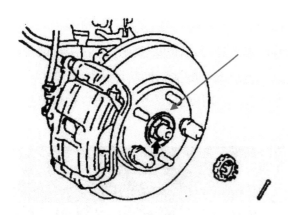

標準值
軸鎖定螺帽扭力如下： 236-318N-m(24.0-32.5m-kg,174-235ft-lb)

【標準值】參閱 93 年天王星修護手冊第二冊(第 M-5 頁)。

範例六：向連桿或球接頭故障(以 93 年天王星為例)

(如圖範例：左右晃動輪胎間隙大，目視檢查連桿或球接頭是否異常)查閱修護手冊正確維修步驟及方式，確認球接頭間隙過大損壞，依照維修手冊步驟使用工具實行故障排除，將故障恢復之車輛標準規範內，使用側滑器去測量前束是否正常，完成故障排除後將場地清潔恢復填寫正確答案單。

確認故障點
如圖範例輪
胎左右晃動
間隙大

將異常之球接頭更換
新品完成故障排除並
檢查是否到車輛規範

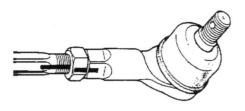

標準值
69-98N-m (7.0-10.0m-kg, 51-72ft-lb)

【標準值】參閱 93 年天王星修護手冊第二冊(第 M12～N-13 頁)。

範例七：避震器故障(以 93 年天王星為例)

(如圖範例：避震器不良，目視避震器是否漏油)查閱修護手冊正確維修步驟及方式，確認避震器本體漏油嚴重損壞，依照維修手冊步驟使用工具實行故障排除，將故障恢復之車輛標準規範內，使用側滑器去測量輪胎是否正常，完成故障排除後將場地清潔恢復填寫正確答案單。

檢查懸吊系統異常處(漏油、損壞)

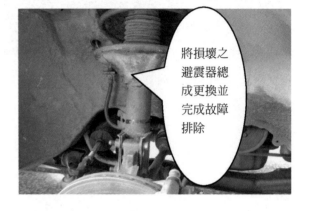
將損壞之避震器總成更換並完成故障排除

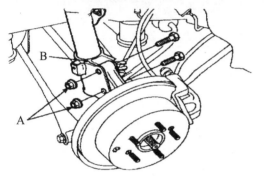

標準值
安裝螺栓和螺帽 鎖緊扭力：93-117 牛頓、米 (9.5-11.9 米-公斤，69-86 呎-磅)

【標準值】參閱 93 年天王星修護手冊第二冊(第 R14～R-15 頁)。

範例八：方向盤與車輪相對位置不良(以 93 年天王星為例)

(如圖範例：輪胎位置正確方向盤位置未達規範內)查閱修護手冊正確維修步驟及方式，確定方向盤位置偏移過大，依照維修手冊步驟使用工具實行故障排除，將故障恢復之車輛標準規範內，完成故障排除後將場地清潔恢復填寫正確答案單。

方向盤與輪胎角度不同異常明顯

調整方向盤角度與前輪胎方向成一直線完成故障排除

【標準值】參閱 93 年天王星修護手冊第二冊(第 N-15～N-16 頁)。

(三)檢修汽車動力轉向系統

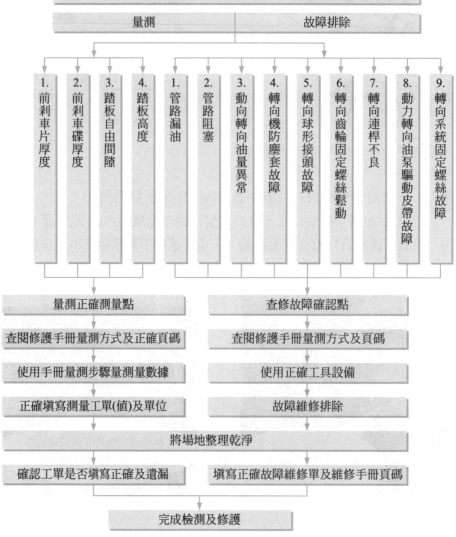

第三題：檢修汽車動力轉向系統

考題確認、工具確認及清點、設備確認

護套、排檔護套、座椅護套、方向盤護套、葉子板護套、腳踏車護套

量測	故障排除

1. 前刹車片厚度
2. 前刹車碟厚度
3. 踏板自由間隙
4. 踏板高度

1. 管路漏油
2. 管路阻塞
3. 動向轉向油量異常
4. 轉向機防塵套故障
5. 轉向球形接頭故障
6. 轉向齒輪固定螺絲鬆動
7. 轉向連桿不良
8. 動力轉向油泵驅動皮帶故障
9. 轉向系統固定螺絲故障

量測正確測量點	查修故障確認點
查閱修護手冊量測方式及正確頁碼	查閱修護手冊量測方式及頁碼
使用手冊量測步驟量測數據	使用正確工具設備
正確填寫測量工單(值)及單位	故障維修排除

將場地整理乾淨

確認工單是否填寫正確及遺漏	填寫正確故障維修單及維修手冊頁碼

完成檢測及修護

三、 檢修汽車動力轉向系統

範例一：管路漏油(以 TOYOTA CORONA 為例)

(如圖範例：目視檢測低壓管路漏油嚴重，確認管路破損)查閱修護手冊維修步驟實行故障排除(如有需更換新品須填寫領料單領料，無須領料者故障恢復至車輛規範)將故障排除後檢視車輛功能及管路壓力恢復規標準規範內，完成檢修後將場地恢復維修清潔，填寫正確答案卷。

確認轉向系統故障處
(如圖範例：低壓管路漏油)

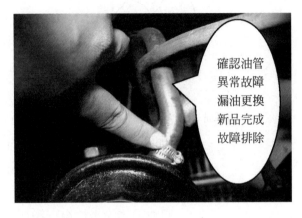

確認油管異常故障漏油更換新品完成故障排除

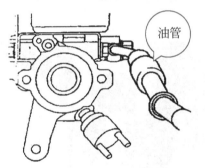

油管

停熄引擎後檢查儲油筒的油面，必要時添加動力轉向油。
動力向油：ATF DEXRON II 或 III
提示：檢查油面高度是否在油筒的 HOT 標線範圍內。
　　　如果動力轉向油是冷的，則油面高度是否在 COLD 標線範圍內。

【標準值】參閱 TOYOTA 底盤和車身修護手冊 CORONA(第 SR-50 頁)。

範例二：管路阻塞(以 TOYOTA CORONA 為例)

(如圖範例：目視檢測低壓管路阻塞嚴重，確認管路阻塞)查閱修護手冊維修步驟實行故障排除(如有需更換新品須填寫領料單領料，無須領料者故障恢復至車輛規範)將故障排除後檢視車輛功能及管路壓力恢復規標準規範內，完成檢修後將場地恢復維修清潔，填寫正確答案卷。

確認故障點位置(如圖範例低壓油管阻塞)

將故障之油管更換新品後完成故障排除

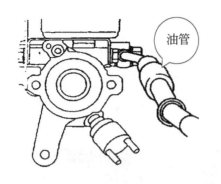

停熄引擎後檢查儲油筒的油面,必要時添加動力轉向
油。
動力向油:ATF DEXRON II 或 III
提示:檢查油面高度是否在油筒的 HOT 標線範圍內。
　　　如果動力轉向油是冷的,則油面高度是否在
　　　COLD 標線範圍內。

【標準值】參閱 TOYOTA 底盤和車身修護手冊 CORONA(第 SR-49 頁)。

範例三:動力轉向油量異常(以 TOYOTA CORONA 為例)
(如圖範例:目視檢測油壺內油量異常,油蓋之油尺量測油量過多或過少)查閱修護
手冊維修步驟實行故障排除,油量過多抽取至正常規範,油量過低加入方向機油至
合乎規範內(如有需更換新品須填寫領料單領料,無須領料者故障恢復至車輛規範)
將故障排除後檢視車輛功能及管路壓力恢復規標準規範內,完成檢修後將場地恢復
維修清潔,填寫正確答案卷。

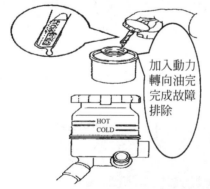
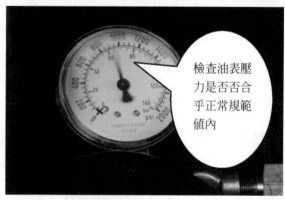

【標準值】參閱 TOYOTA 底盤和車身修護手冊 CORONA(第 SR-47 頁)。

範例四：轉向機防塵套故障(以 TOYOTA CORONA 為例)

(如圖範例：目視檢測轉向機系統防塵套破損，確認防塵套破損損壞)查閱修護手冊維修步驟實行故障排除，正確使用工具更換轉向系統防塵套(如有需更換新品須填寫領料單領料，無須領料者故障恢復至車輛規範)將故障排除後檢視車輛功能恢復規標準規範內，完成檢修後將場地恢復維修清潔，填寫正確答案卷。

確認故障位置(如圖範例防塵套破裂紅色箭頭指處)

確認防塵套破裂更換新品完成故障排除

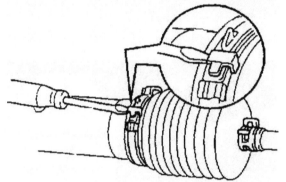

標準值
使用螺絲起子，放鬆防塵套束環。
註　·小心不可損傷防塵套。 　　·標示左側、右側防塵套。

【標準值】參閱 TOYOTA 底盤和車身修護手冊 CORONA(第 SR-27 頁)。

範例五：轉向球形接頭故障(以 TOYOTA CORONA 為例)

(如圖範例：目視檢測輪胎左右晃動大，檢視轉向機球形接頭間隙大，確認球接頭損壞)查閱修護手冊維修步驟實行故障排除，使用特殊工具(球接頭拆除器)正確更換球接頭，(如有需更換新品須填寫領料單領料，無須領料者故障恢復至車輛規範)將故障排除後檢視車輛功能恢復規標準規範內，完成檢修後將場地恢復維修清潔，填寫正確答案卷。

確認故障點如圖範例輪胎左右晃動間隙大

將異常之球接頭更換新品完成故障排除並檢查是否到車輛規範

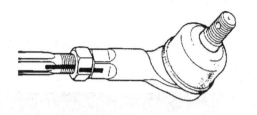

標準值
(a) 在橫拉桿端頭和齒條端桿作對正記號。

【標準值】參閱 TOYOTA 底盤和車身修護手冊 CORONA(第 SR-27 頁)。

範例六：轉向齒輪固定螺絲鬆動(以 TOYOTA CORONA 為例)

(如圖範例：檢查轉向系統方向盤晃動間隙大，轉向機柱與轉向主機齒輪接合處螺絲鬆脫)查閱修護手冊維修步驟實行故障排除，正確使用工具將鬆脫的螺絲上緊扭力至手冊標準值內(如有需更換新品須填寫領料單領料，無須領料者故障恢復至車輛規範)將故障排除後檢視車輛功能恢復標準規範內，完成檢修後將場地恢復維修清潔，填寫正確答案卷。

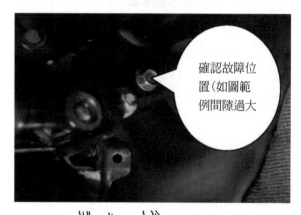

確認故障位置(如圖範例間隙過大

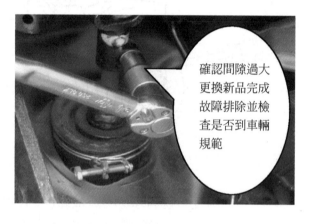

確認間隙過大更換新品完成故障排除並檢查是否到車輛規範

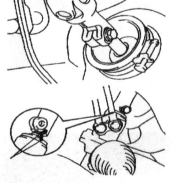

1. 拆開 NO.2 中間軸總成
   (a) 於中間軸和控制閥軸上做對正記號。
   (b) 放鬆螺栓 A 即拆下螺栓 B。
2. 拆下 NO.2 中間軸總成放下螺栓 A。
3. 拆下防塵套
4. 拆下轉向柱總成
   (a) 拆開接頭。
   (b) 拆下 4 個轉向柱總成固定螺帽。

【標準值】參閱 TOYOTA 底盤和車身修護手冊 CORONA(第 SR-25 頁)。

範例七：轉向連桿不良(以 TOYOTA CORONA 為例)

(如圖範例：目視檢測轉向機連桿有無不良，檢視轉向機連桿彎曲，確認轉向機連桿損壞)查閱修護手冊維修步驟實行故障排除，使用特殊工具(方向機連桿拆除器)正確更換轉向連桿，(如有需更換新品須填寫領料單領料，無須領料者故障恢復至車輛規範)將故障排除後檢視車輛功能恢復規標準規範內，完成檢修後將場地恢復維修清潔，填寫正確答案卷。

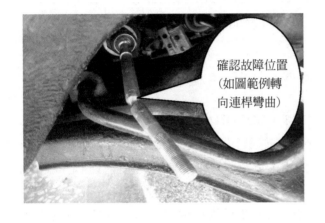

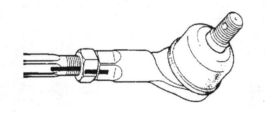

校准在分解前所作的配合記號，然後鎖緊螺帽

【標準值】參閱 TOYOTA 底盤和車身修護手冊 CORONA(第 SR-27 頁)。

範例八：動力轉向油泵驅動皮帶故障(以 TOYOTA CORONA 為例)

(如圖範例：目視檢測轉向皮帶是否不良，檢視皮帶有無磨平，確認轉向油泵驅動皮帶損壞)查閱修護手冊維修步驟實行故障排除，使用特殊工具(皮帶張力器)正確檢視轉向驅動皮帶鬆緊度是否正常，(如有需更換新品須填寫領料單領料，無須領料者故障恢復至車輛規範)將故障排除後檢視車輛功能恢復規標準規範內，完成檢修後將場地恢復維修清潔，填寫正確答案卷。

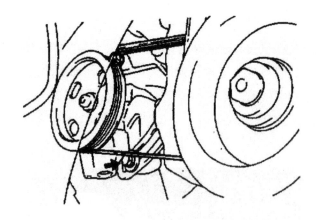

檢查驅動皮帶張力
測量驅動皮帶的變形量。
驅動皮帶張力在 98N(10kgf,22lbf)時

	4A-FE 引擎	3S-FE 引擎
新皮帶 mm(in.)	5-6 (0.20-0.24)	8-10 (0.31-0.39)
舊皮帶 mm(in.)	6-8 (0.24-0.31)	10-13 (0.39-0.51)

【標準值】參閱 TOYOTA 底盤和車身修護手冊 CORONA(第 SR-46 頁)。

範例九：轉向系統固定螺絲故障(以 TOYOTA CORONA 爲例)

(如圖範例：目視檢測轉向系統轉向主機故定異常，確認固定螺絲鬆脫)查閱修護手冊維修步驟實行故障排除，正確使用工具及扭力板手來鎖緊轉向機固定螺絲(如有需更換新品須填寫領料單領料，無須領料者故障恢復至車輛規範)將故障排除後檢視車輛功能恢復規標準規範內，完成檢修後將場地恢復維修清潔，填寫正確答案卷。

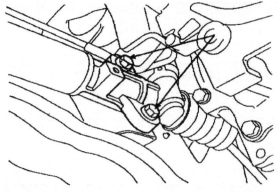

拆下滑動接頭
(a) 於主軸及滑動接頭上做上對正記號。
(b) 拆下螺栓。

【標準值】參閱 TOYOTA 底盤和車身修護手冊 CORONA(第 SR-27 頁)。

(四)檢修汽車自動變速系統

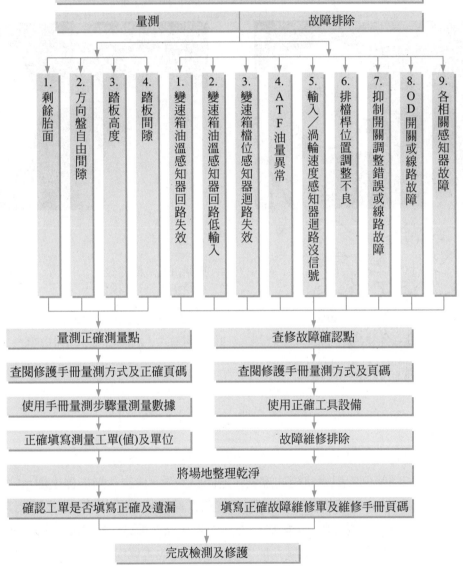

第四題：檢修汽車自動變速系統

範例一：變速箱控制系統電路(以馬自達 323 為例)

如圖範例變速箱控制系統電路診斷，檢視診斷儀器上顯示之故障碼(查詢故障碼 0715 輸入／渦輪速度感知器損壞)，查閱修護手冊故障相關維修步驟及方式，依照維修方式故障排除(故障品需更換＜填寫新品領料單＞線路異常回復異常處)及車輛功能恢復測試，完成查修並將場地恢復清潔，填寫正確答案。

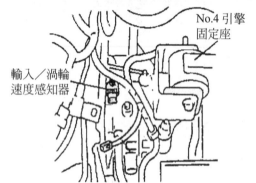

1. 拆開電瓶負極導線。
2. 拆開空氣濾清器組件。
   (參閱章節 F1，進氣系統，進氣系統拆卸／安裝。)
   (參閱章節 F2，進氣系統，進氣系統拆卸／安裝。)
3. 拆開輸入／渦輪速度感知器接頭。

【標準值】參閱馬自達 323Protege 1998 修護手冊(下冊)(第 K-46 頁)。

範例二：變速箱油溫感知器回路失效(以馬自達 323 為例)

如圖範例診斷變速箱油溫感知器回路失效，檢視診斷儀器上顯示之故障碼(查詢故障碼 0710 變速箱油溫感知器)，查閱修護手冊故障相關維修步驟及方式，確認感知器是否損壞或脫落，依照維修方式故障排除(故障品需更換＜填寫新品領料單＞線路異常回復異常處)及車輛功能恢復測試，完成查修並將場地恢復清潔，填寫正確答案。

【標準值】參閱馬自達 323Protege 1998 修護手冊(下冊)(第 K-45 頁)。

範例三： 變速箱油溫感知器回路低輸入(以馬自達 323 為例)

如圖範例診斷變速箱油溫感知器回路低輸入，檢視診斷儀器上顯示之故障碼(查詢故障碼 0710 變速箱油溫感知器)，查閱修護手冊故障相關維修步驟及方式，確認感知器是否損壞或脫落，依照維修方式故障排除(故障品需更換＜填寫新品領料單＞線路異常回復異常處)及車輛功能恢復測試，完成查修並將場地恢復清潔，填寫正確答案。

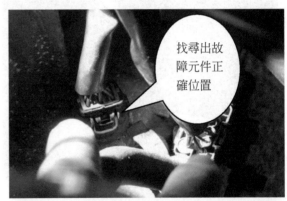

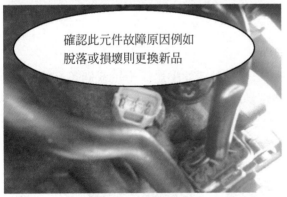

【標準值】參閱馬自達 323Protege 1998 修護手冊(下冊)(第 K-45 頁)。

範例四：變速箱檔位感知器迴路失效(以馬自達 323 為例)

　　如圖範例診斷變速箱檔位感知器迴路失效，檢視診斷儀器上顯示之故障碼(查詢故障碼 0753.0758.0763.0768.0773 變速箱檔位感知器)，查閱修護手冊故障相關維修步驟及方式，確認此感知器損壞或者脫落，依照維修方式故障排除(故障品需更換＜填寫新品領料單＞線路異常回復異常處)及車輛功能恢復測試，完成查修並將場地恢復清潔，填寫正確答案。

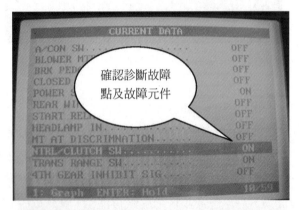

【標準值】參閱馬自達 323Protege 1998 修護手冊(下冊)(第 K-11 頁)。

範例五：ATF 油量異常(以馬自達 323 為例)

　　如圖範例診斷 ATF 油量異常，檢視 ATF 油壓錶油壓是否不足或過多，查閱修護手冊故障相關維修步驟及方式，檢查油壓錶(油壓不足時就加入)(過多時就抽取至正常規範值內)，依照維修方式故障排除(故障品需更換＜填寫新品領料單＞線路異常回復異常處)及車輛功能恢復測試，完成查修並將場地恢復清潔，填寫正確答案。

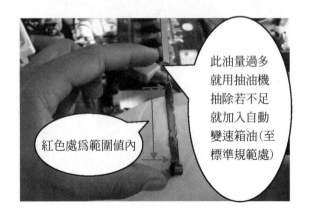

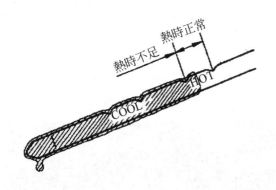

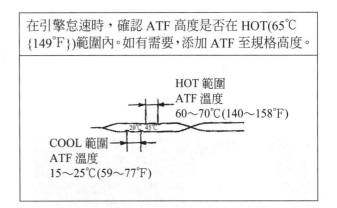

【標準值】參閱馬自達 323Protege 1998 修護手冊(下冊)(第 K-9 頁)。

範例六：輸入／渦輪速度感知器迴路沒信號(以馬自達 323 為例)

如圖範例診斷輸入／渦輪速度感知器迴路沒信號，檢視診斷儀器上顯示之故障碼(查詢故障碼 0715 輸入／渦輪速度感知器插頭脫落)，查閱修護手冊故障相關維修步驟及方式，確認此感知器損壞或是脫落，依照維修方式故障排除(故障品需更換＜填寫新品領料單＞線路異常回復異常處)及車輛功能恢復測試，完成查修並將場地恢復清潔，填寫正確答案。

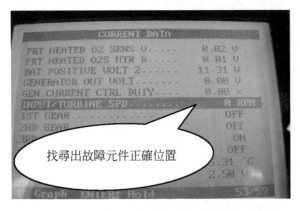

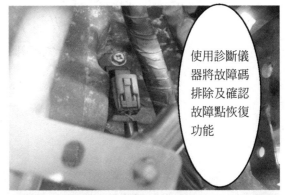

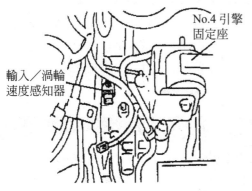

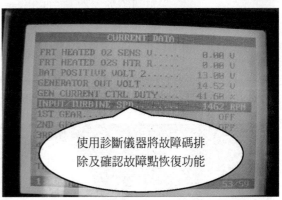

【標準值】參閱馬自達 323Protege 1998 修護手冊(下冊)(第 K-46 頁)。

範例七：排檔桿位置調整不良(以馬自達 323 為例)

如圖範例診斷排檔桿位置調整不良，檢視排檔感位置是否不良，查閱修護手冊故障相關維修步驟及方式，確認此排檔桿位置不良時就使用正確工具調整至正常的位置，依照維修方式故障排除(故障品需更換＜填寫新品領料單＞線路異常回復異常處)及車輛功能恢復測試，完成查修並將場地恢復清潔，填寫正確答案。

排檔作用檢視儀錶板的排檔燈是否會變換

如圖所示確認排檔桿位置調整不良，將調整至廠家規範後確認故障排除及功能恢復

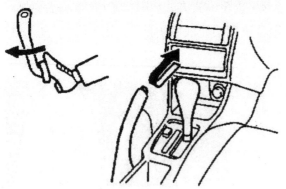

調整排檔拉索
(a) 鬆開排檔感的拉桿螺帽。
(b) 將排'檔桿朝車輛右側推到底。
(c) 將拉桿拉回 2 個檔位到空檔位置。
(d) 將排檔桿置於 N 檔位。
(e) 輕輕地握住排檔桿向 R 檔位方向，鎖緊拉桿螺帽。

【標準值】參閱馬自達 323Protege 1998 修護手冊(下冊)(第 K-12 頁)。

範例八：抑制開關調整錯誤或線路故障(以馬自達 323 為例)

如圖範例診斷抑制開關調整錯誤或線路故障，檢視診斷儀器上顯示之故障碼(查詢故障碼 0000)，如圖範例診斷抑制開關調整錯誤或線路故障，查閱修護手冊故障相關維修步驟及方式，確認此開關是否作用不良或線路異常，依照維修方式故障排除(故障品需更換＜填寫新品領料單＞線路異常回復異常處)及車輛功能恢復測試，完成查修並將場地恢復清潔，填寫正確答案。

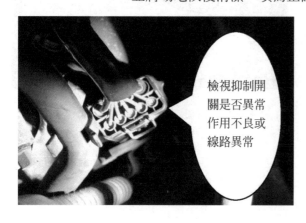

檢視抑制開關是否異常作用不良或線路異常

確認此元件故障原因例如脫落或損壞則更換新品完成故障排除

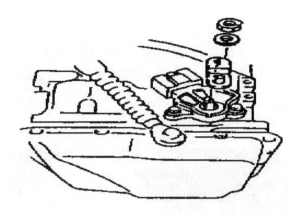

用扭力板手鎖緊手動軸螺帽。
鎖緊扭力
32-46N.m{3.2-4.7kgf.m,24-33ft.lbf}

【標準值】參閱馬自達 323Protege 1998 修護手冊(下冊)(第 K-11 頁)。

範例九：OD 開關或線路故障(以馬自達 323 為例)

如圖範例診斷 OD 開關或線路故障，檢視診斷儀器上顯示之故障碼(查詢故障碼 0000)，查閱修護手冊故障相關維修步驟及方式，確認此開關是否損壞或脫落，依照維修方式故障排除(故障品需更換＜填寫新品領料單＞線路異常回復異常處)及車輛功能恢復測試，完成查修並將場地恢復清潔，填寫正確答案。

按下此按鈕目視儀表板是否顯示OD燈有功能作動

將此OD開關之插座接回

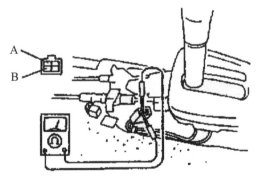

導通檢查
1. 拆開電瓶負極導線。
2. 拆除中控台板。
3. 拆開 O/D OFF 開關接頭。
4. 檢查 O/D OFF 開關是否導通。

【標準值】參閱馬自達 323Protege 1998 修護手冊(下冊)(第 K-10 頁)。

範例十：各相關感知器故障(以馬自達 323 為例)

　　如圖範例診斷各相關感知器故障，檢視診斷儀器上顯示之故障碼(查詢故障碼 0000)，查閱修護手冊故障相關維修步驟及方式，確認此各相關感知器是否損壞或故障，依照維修方式故障排除(故障品需更換＜填寫新品領料單＞線路異常回復異常處)及車輛功能恢復測試，完成查修並將場地恢復清潔，填寫正確答案。

用專業診斷儀器查詢故障碼各相關感知器是否故障

目視車上各相關感知器是否故障或損壞或者是線路異常脫落，確認故障完成故障排除

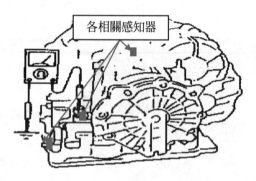

各相關感知器

【標準值】參閱馬自達 323Protege 1998 修護手冊(下冊)(第 K-18 頁)。

伍、汽車修護乙級技術士技能檢定術科測試試題

一、題目：第四站檢修汽車電系

二、使用車輛介紹：

	1. 第一題：檢修汽車起動及儀表 2. 廠牌／車型：中華汽車／VERYCA 3. 年分：2001 4. 排氣量：1200 CC
	1. 第二題：檢修汽車充電系統及燈光系統 2. 廠牌／車型：三菱汽車／SPACE GEAR 3. 年分： 4. 排氣量：2400 CC
	1. 第三題：檢修汽車空調系統及雨刷系統 2. 廠牌／車型：豐田汽車／NEW CAMRY 3. 年分： 4. 排氣量：2000 CC
	1. 第四題：檢修汽車車身電系統 2. 廠牌／車型：豐田汽車／WISH 3. 年分： 4. 排氣量：2000 CC
	1. 備用車 2. 廠牌／車型：日產汽車／CEFIRO 3. 年分： 4. 排氣量：2000 CC

三、修護手冊使用介紹：

(一) 中華汽車 VERYCA 引擎與全車電路修護手冊、中華汽車 VERYCA 底盤修護手冊。

(二) 三菱汽車 SPACE GEAR 引擎與全車電路修護手冊、三菱汽車 SPACE GEAR 底盤修護手冊。

(三) TOYOTA CAMRY GSV40 系列電器(三)修護手冊、TOYOTA CAMRY GSV40 系列底盤(三)電器(一)修護手冊、TOYOTA CAMRY GSV40 系列引擎(四)修護手冊、TOYOTA CAMRY GSV40 系列底盤(三)電器(一)修護手冊。

(四) TOYOTA WISH ANE12 系列車身與電器修護手冊、TOYOTA WISH ANE12 系列電器診斷修護手冊。

四、使用儀器／工具說明：

(一) 電腦診斷儀器(DENSO DST-2)

此診斷電腦為第三題 TOYOTA NEW CAMRY 專用型診斷電腦,主要針對此車輛恆溫空調系統作故障碼診斷與資料診斷顯示。

(二) 電腦診斷儀器操作說明(DENSO DST-2)

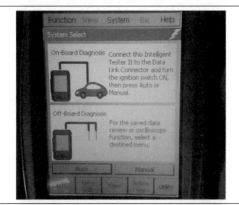

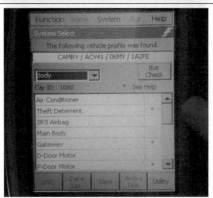

1. 接上駕駛艙內 OBD II 16pin 診斷接頭,開機進入 TOYOTA 歡迎畫面。
2. System Select 頁面下,點選畫面下方『Auto』。
3. System Select Select the vehide 頁面下,點選畫面下方『CAMRY,0903-/KM』。
4. System Select Select the vehide 頁面下,點選畫面下方『W/O VSC』。
5. System Select Select the vehide 頁面下,點選畫面下方『W/O Smart Key』。
6. 畫面進入 Auto Detect。
7. System Select 頁面下,下拉選畫面『Body』,點選畫面『Air Conditioner』。
8. 畫面進入 Auto Detect。
9. 畫面進入 Air Conditioner/DTC 顯示故障碼。

伍、汽車修護乙級技術士技能檢定術科測試試題

(發應檢人、監評人員)

(本站在應試現場由監評人員會同應檢人,從應檢試題中任抽一題應考)

一、題目:檢修汽車電系

二、說明:

(一) 應檢人檢定時之基本資料填寫、閱讀試題、發問及工具準備時間為 5 分鐘,操作測試時間為 30 分鐘,另操作測試時間結束後資料查閱、答案紙填寫(限已完成之工作項目內容)及工具/設備/護套歸定位時間為 5 分鐘。

(二) 使用提供之工具、儀器(含診斷儀器、使用手冊)、修護手冊及電路圖由應檢人依修護手冊內容檢修 2 項故障項目,並完成答案紙指定之 2 項測量項目工作。

(三) 檢查結果如有不正常,應依修護手冊內容檢修至正常或調整至廠家規範。

(四) **依據故障情況,應檢人必須事先填寫領料單後,方可向監評人員提出更換零件或總成之請求,領料次數最多 5 項次。**

(五) 規定測試時間結束或提前完成工作,應檢人須將已經修復之故障檢修項目及測量項目值填寫於答案紙上,填寫測量項目實測值時,須請監評人員確認。

🈩 故障檢修時,單一故障可能會造成多重故障碼顯示,仍須視為同一個故障項目。

(六) 電路線束不設故障,所以不准拆開,但接頭除外。

(七) 為保護檢定場所之電瓶及相關設備,起動引擎每次不得超過 10 秒鐘,再次起動時必須間隔 5 秒鐘以上,且不得連續起動 2 次以上。

(八) 應檢前監評人員應先將診斷儀器連線至檢定車輛,並確認其通訊溝通正常,車輛與儀器連線後之畫面應進入到診斷儀器之起始功能選擇項頁面。

(九) 應檢中應檢人可要求指導使用診斷儀器至起始功能選擇項頁面,但操作測試時間不予扣除。

(十) 本站共有四題,應檢人依抽出試題應考。

第一題:檢修起動系統及儀錶

第二題:檢修充電系統及燈光系統

第三題:檢修空調系統及雨刷系統

第四題:檢修車身電器系統(喇叭、中控門鎖、電動車窗、電動座椅、電動後視鏡)

三、評審要點:

(一) 操作測試時間:30 分鐘。測試時間終了,經監評人員制止不聽仍繼續操作者,則該項工作技能項目之成績不予計分。

(二) 技能標準:如評審表工作技能項目。

(三) 作業程序及工作安全與態度(本項為扣分項目):如評審表作業程序及工作安全與態度各評審項目。

伍、汽車修護乙級技術士技能檢定術科測試試題

第 4 站　檢修汽車電系　　　　　　答案紙(一)　　　　　　(發應檢人)(第 1 頁共 3 頁)

姓　　名：＿＿＿＿＿＿＿　　檢定日期：＿＿＿＿＿＿＿　　監評人員簽名：＿＿＿＿＿＿

檢定編號：＿＿＿＿＿＿＿　　題號／崗位：＿＿＿＿＿＿＿

(一) 填寫檢修結果

說明：1. 答案紙填寫方式依現場修護手冊或診斷儀器用詞或內容，填寫於各欄位。

　　　2. 檢修內容之現象、原因及操作程序 3 項皆須正確，該項次才予計分。

🔖 故障檢修時單一故障可能會造成多重故障碼顯示，仍須視為同一個故障項目。

　　　3. 檢修內容不正確，則處理方式不予評分。

　　　4. 處理方式填寫及操作程序 2 項皆須正確，該項才予計分。處理方式必須含零件名稱
　　　　 (例：更換頭燈保險絲、調整...、清潔...、修護...、鎖緊...等)。

　　　5. 未完成之工作項目，填寫亦不予計分。

項次	故障項目 (應檢人填寫)			評審結果(監評人員填寫)			
				操作程序		合格	不合格
				正確	錯誤		
1	檢修內容	現象					
		原因					
	處理方式						
2	檢修內容	現象					
		原因					
	處理方式						

故障設置項目：(由監評人員於應檢人檢定結束後填入)

故障項目項次 1.＿＿＿＿＿＿＿＿＿＿＿＿＿

故障項目項次 2.＿＿＿＿＿＿＿＿＿＿＿＿＿

伍、汽車修護乙級技術士技能檢定術科測試試題

第 4 站　檢修汽車電系　　　　　　答案紙(二)　　　　　　(發應檢人)(第 2 頁共 3 頁)

姓　　名：＿＿＿＿＿＿＿　　　檢定日期：＿＿＿＿＿＿＿　　　監評人員簽名：＿＿＿＿＿＿

檢定編號：＿＿＿＿＿＿＿　　　題號／崗位：＿＿＿＿＿＿＿

(二) 填寫測量結果

說明：1. 應檢前，由監評人員依修護手冊內容，指定與該站應檢試題相關之兩項測量項目，事先於應
　　　　　檢前填入答案紙之測量項目欄，供應檢人應考。

　　　2. 標準值以修護手冊之規範為準，應檢人填寫標準值時應註明修護手冊之頁碼。

　　　3. 應檢人填寫實測值時，須請監評人員當場確認，否則不予計分。

　　　4. 標準值、手冊頁碼、實測值及判斷 4 項皆須填寫正確，且實測值誤差值在該儀器或量具之要
　　　　　求精度內，該項才予計分。

　　　5. 未註明單位者不予計分。

項次	測量項目 (含測試條件) (監評人員事先填寫)	測量結果(應檢人填寫)				評審結果(監評人員填寫)		
		標準值	手冊頁碼	實測值 (含單位)	判斷	實測值 (含單位)	合格	不合格
1					□正　常 □不正常			
2					□正　常 □不正常			

伍、汽車修護乙級技術士技能檢定術科測試試題

第 4 站　檢修汽車電系　　　　　　答案紙(三)　　　　　　　(發應檢人)(第 3 頁共 3 頁)

姓　　名：＿＿＿＿＿＿＿　　　檢定日期：＿＿＿＿＿＿＿　　　監評人員簽名：＿＿＿＿＿＿

檢定編號：＿＿＿＿＿＿＿　　　題號／崗位：＿＿＿＿＿＿＿

(三) 領料單

說明：1. 應檢人應依據故障情況必須先填妥領料單後，向監評人員要求領取所要更換之零件或總成(監評人員確認領料單填妥後，決定是否提供應檢人零件或總成)。

　　　2. 應檢人填寫領料單後，要求更換零件或總成，若要求更換之零件或總成錯誤(應記錄於評審結果欄)，每項次扣 2 分。

　　　3. 領料次數最多 5 項次。

項次	零件名稱(應檢人填寫)	數量(應檢人填寫)	評審結果(監評人員填寫)
1			□ 正　確 □ 錯　誤
2			□ 正　確 □ 錯　誤
3			□ 正　確 □ 錯　誤
4			□ 正　確 □ 錯　誤
5			□ 正　確 □ 錯　誤

伍、汽車修護乙級技術士技能檢定術科測試試題

(發監評人員)

一、題目：檢修汽車電系
二、說明：

(一) 監評人員請先閱讀應檢人試題說明，並要求應檢人應檢前先閱讀試題，並依試題說明操作，監評人員需再次口頭提醒應檢人於量測項目量測時須請監評人員當場確認，否則不予計分，其餘不主動說明內容，但應檢人員有疑問提出時可適當回答。

(二) 請先檢查工具、儀器、設備及相關修護(使用)手冊是否齊全，若設置之故障或測量項目有使用到診斷儀器時，必須於應檢人應檢前事先接好，並確認可讀取功能正常。

(三) 本站共設有 4 題，設置 5 個應檢工作崗位(內含 1 個備用)執行應檢。

(四) 本站共設有 4 個題目，每個題目設置有 4 個故障群組，細分為下列各系統：

    (1) 汽車起動及儀表

    (2) 汽車充電系統及燈光系統

    (3) 汽車空調系統及雨刷系統

    (4) 汽車車身電系系統

(五) 本站共設有 5 個工作崗位(內含備用 1 個)，每個工作崗位設置 2 項故障，監評人員依檢定現場設備狀況並考量 30 分鐘應檢時間限制，依監評協調會抽出之故障群組組別，選擇適當之故障 2 項；2 項故障設置以不同一系統為原則，惟得依檢定現況隨時更改故障項目。

(六) 設置故障時，若無相對之 OBD II 故障碼，請按故障內容依原廠之故障碼內容設置故障；故障設置前，須先確認車輛及設備正常無誤且溝通正常後，再設置故障。

   (註) 設置之單一故障可能會造成多重故障碼顯示，仍須視為同一個故障項目。

(七) 本站測量項目共設有 2 項，應檢前由監評人員依修護手冊內容，於應檢前填入答案紙之測量項目欄，供應檢人應考。(測量項目為本站範圍內相關電系動態或靜態之測量，並且不得與故障設置項目重複)

(八) 告知應檢人填寫實測值時，須請監評人員當場確認，否則不予計分。

(九) 本站第三題之診斷儀器於應檢前，需先由監評人員接上車輛確認溝通是否正常，並同時將診斷儀器連接於車輛上供應檢人員使用，不需拆下。

(十) 監評人員於操作 30 分鐘結束前五分鐘，得提醒應檢人員時間以方便應檢人員應檢時間的掌握。

故障設置群組

□第一題：檢修汽車起動及儀表(視現況必要時，二個故障可設置同一系統內)

故障項目	群組一	群組二	群組三	群組四
1. 電瓶故障	✓		✓	
2. 起動線路故障		✓		✓
3. 易熔絲故障			✓	✓
4. 驅動小齒輪故障		✓		✓
5. 點火開關或接頭故障	✓		✓	
6. 抑制(空檔安全)開關或線路故障		✓		✓
7. 起動馬達繼電器故障	✓	✓		
8. 燃油錶、線路或構件故障		✓	✓	
9. 機油壓力錶、線路或構件故障	✓		✓	
10. 水溫錶、線路或構件故障		✓		✓
11. 引擎轉速錶、線路或構件故障	✓		✓	
12. 手煞車警示燈、線路或構件故障	✓	✓	✓	✓

□第二題：檢修汽車充電系統及燈光系統(視現況必要時，二個故障可設置同一系統內)

故障項目	群組一	群組二	群組三	群組四
1. 電瓶異常	✓		✓	
2. 電瓶與發電機輸出端之間線路故障		✓		✓
3. 發電機磁場線路故障	✓		✓	
4. 充電指示燈線路故障		✓		✓
5. 保險絲故障	✓	✓	✓	✓
6. 發電機與 ECU 間線路故障	✓		✓	
7. 發電機皮帶未裝或過鬆		✓		✓
8. 頭燈近光或遠光故障			✓	
9. 燈光線路故障(例：煞車燈....)	✓	✓	✓	✓
10. 左、右或前後方向燈瓦特數不合規定	✓			
11. 方向燈/危險警告燈閃光器故障		✓		
12. 危險警告燈開關故障			✓	
13. 燈光保險絲故障	✓	✓	✓	✓
14. 頭燈繼電器故障				✓
15. 煞車燈開關故障或安裝錯誤	✓		✓	
16. 倒車燈開關或線路故障		✓		✓
17. 車室內燈線路或燈泡故障	✓		✓	
18. 車門開關故障		✓		✓
19. 頭燈開關或接頭故障	✓		✓	
20. 方向燈開關或接頭故障		✓		✓

□第三題：檢修汽車空調系統及雨刷系統(視現況必要時，二個故障可設置同一系統內)

故障項目	群組一	群組二	群組三	群組四
1. 溫度開關失效或線路故障	✓			
2. 溫度控制器或感溫電阻故障		✓		
3. 鼓風機控制線路故障			✓	
4. 壓縮機控制繼電器或線路故障	✓	✓	✓	✓
5. 低壓開關或線路故障	✓		✓	
6. 冷媒量嚴重異常		✓		✓
7. 冷氣怠速提昇功能失效			✓	
8. 冷凝器風扇線路故障	✓			✓
9. 冷凝器風扇繼電器故障	✓	✓	✓	✓
10. A/C 開關或線路故障		✓		✓
11. 駕駛側阻風門控制系統線路故障			✓	
12. 乘客側阻風門控制系統線路故障				✓
13. 日照陽光輻射感知器或線路故障	✓			
14. 蒸發器溫度感知器或線路故障		✓		✓
15. 氣候控制單元內部錯誤或通訊中斷			✓	
16. 室內外再循環控制馬達或線路故障	✓	✓		✓
17. B0159 Outside Air Temperature Sensor Circuit Range/Performance 車外空氣溫度感知器或線路故障	✓		✓	
18. B0164 Passenger Compartment Temperature 乘客區空調溫度異常或失效 Sensor #1(Single Sensor or LH)Circuit Range/ Performance 左側室內溫度感知器或線路故障		✓		✓
19. B0169 In-car Temp Sensor Failure(passenger -not used)車內溫度感知器或線路故障	✓	✓	✓	
20. 雨刷馬達定位開關故障		✓		✓
21. 雨刷間歇器故障	✓		✓	
22. 噴水馬達線路或噴水功能故障	✓	✓	✓	✓
23. 雨刷馬達或連桿機構故障			✓	✓
24. 雨刷或空調系統保險絲故障	✓			
25. 雨刷或空調系統接頭故障		✓		
26. 雨刷開關或接頭故障			✓	

□第四題：檢修汽車車身電系系統(視現況必要時，二個故障可設置同一系統內)

故障項目	群組一	群組二	群組三	群組四
1. 喇叭保險絲故障	✓	✓		✓
2. 喇叭線路故障		✓		
3. 喇叭繼電器故障			✓	
4. 喇叭本體故障	✓	✓	✓	✓
5. 喇叭開關故障	✓			✓

故障項目	群組一	群組二	群組三	群組四
6. 電控行李箱鎖組開關故障	✓			
7. 中控門鎖開關故障	✓	✓	✓	✓
8. 中控門鎖馬達故障			✓	
9. 中控門鎖控制器故障		✓		✓
10. 中控門鎖線路故障	✓		✓	
11. 電動車窗馬達故障		✓		
12. 電動車窗控制器故障			✓	
13. 電動車窗線路故障	✓	✓	✓	✓
14. 電動車窗開關或接頭故障		✓		✓
15. 電動後視鏡開關或接頭故障	✓			✓
16. 電動後視鏡馬達故障		✓	✓	
17. 電動後視鏡控制器故障			✓	
18. 電動後視鏡線路故障	✓	✓		✓
19. 電動座椅調整開關故障	✓			✓
20. 電動座椅馬達或保險絲故障	✓	✓	✓	
21. 電動座椅控制器或線路故障			✓	✓

三、評審要點：

(一) 操作測試限時 30 分鐘，時間終了未完成者，應即令應檢人停止操作，並依已完成的工作技能項目評分，未完成的部分不給分；若經制止不聽仍繼續操作者，則該站不予計分。

(二) 依評審表中所列工作技能項目逐一評分，完成之項目則給全部配分，未完成則給零分。

(三) 評審表中作業程序、工作安全與態度之評分採扣分方式，各項(除更換錯誤零件外)依應檢人實際操作情形逐一扣分，並於備註欄內記錄事實。

伍、汽車修護乙級技術士技能檢定術科測試試題

第 4 站 　檢修汽車電系　　　　　　評審表（發應檢人、監評人員）

姓　　名：＿＿＿＿＿＿＿　　檢定日期：＿＿＿＿＿＿＿＿＿

檢定編號：＿＿＿＿＿＿＿　　監評人員簽名：＿＿＿＿＿＿＿

得分

評　　　　審　　　　項　　　　目	評　　　定		備　　　註
	配　分	得　分	
操 作 測 試 時 間　限時 30 分鐘。			
一、工作技能　1. 正確依操作程序檢查、測試及判斷故障，並正確填寫檢修內容(故障項目項次 1)	4	（　）	依答案紙(一)及操作過程
2. 正確依操作程序調整或更換故障零件，並正確填寫處理方式(故障項目項次 1)	4	（　）	依答案紙(一)及操作過程
3. 正確依操作程序檢查、測試及判斷故障，並正確填寫檢修內容(故障項目項次 2)	4	（　）	依答案紙(一)及操作過程
4. 正確依操作程序調整或更換故障零件，並正確填寫處理方式(故障項目項次 2)	4	（　）	依答案紙(一)及操作過程
5. 完成全部故障檢修工作且系統作用正常並清除故障碼	3	（　）	
6. 正確操作及填寫測量結果(測量項次 1)	3	（　）	依答案紙(二)及操作過程
7. 正確操作及填寫測量結果(測量項次 2)	3	（　）	依答案紙(二)及操作過程
二、作業程序及工作安全與態度(本部分採扣分方式)　1. 更換錯誤零件	每項次扣 2 分	（　）	依答案紙(三)
2. 工作中必須維持良好習慣(例：場地整潔、工具儀器等不得置於地上等)，違者每件扣 1 分，最多扣 5 分	扣 1～5	（　）	
3. 使用後工具、儀器及護套必須歸定位，違者每件扣 1 分，最多扣 5 分	扣 1～5	（　）	
4. 有不安全動作或損壞工作物(含起動馬達操作)違者每次扣 1 分，最多扣 5 分。	扣 1～5	（　）	扣分項紀錄事實
5. 不得穿著汗衫、短褲或拖、涼鞋等，違者每項扣 1 分，最多扣 3 分。	扣 1～3	（　）	
6. 未使用葉子板護套、方向盤護套、座椅護套、腳踏墊、排檔桿護套等，違者每件扣 1 分，最多扣 5 分	扣 1～5	（　）	
合　　　　　　　　　　　　　　　　　　計	25	（　）	

指定量測項目：

範例一：鼓風機電阻量測(以中華 VERYCA 為例)

使用三用電表歐姆檔 200 檔位，檢測指定端子腳位。自乘客側座位前，於冷氣鼓風機旁拆下鼓風機電阻，再使用三用電表檢查量測值是否在標準值範圍內。

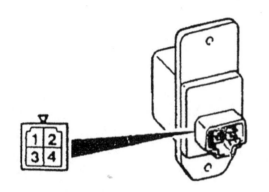

測量端子	標準值 Ω
端子 2 及 3(LO)	2.21
端子 3 及 4(ML)	0.97
端子 3 及 1(MH)	0.35

【標準值】參閱中華汽車 VERYCA 底盤修護手冊(55-19 頁)。

範例二：點火模組電阻量測(以中華 VERYCA 為例)

使用三用電表歐姆檔 200 檔位及 20KΩ 檔位，檢測指定點火線圈端子腳位。自引擎室內拆下點火模組，再使用三用電表檢查量測值是否在標準值範圍內。

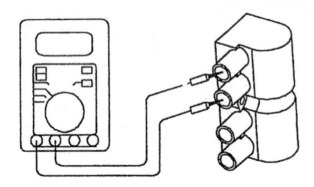

項目	規格
一次線圈電阻 Ω	0.5±0.05
二次線圈電阻 KΩ	5.1±0.3

【標準值】參閱中華汽車 VERYCA 引擎與全車電路修護手冊(16-8 頁)。

範例三：高壓線電阻量測(以中華 VERYCA 為例)

使用三用電表歐姆檔 20KΩ 檔位，檢測指定汽缸高壓線腳位。自引擎室內拆下指定汽缸高壓導線，再使用三用電表於高壓線兩端檢查量測值是否在標準值範圍內。

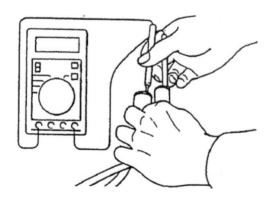

項目		規格
電阻值 KΩ	第一缸	5.5±2.0
	第二缸	4.8±2.0
	第三缸	3.9±1.5
	第四缸	2.0±1.0

【標準值】參閱中華汽車 VERYCA 引擎與全車電路修護手冊(16-8 頁)。

範例四：噴油嘴電阻值量測(以中華 VERYCA 為例)

　　使用三用電表歐姆檔 200 檔位，量測噴油嘴端子之間的電阻值。

　　步驟：1. 拆下噴油嘴接頭。

　　　　　2. 量測指定量測缸噴油嘴端子之間的電阻。

　　　　　3. 裝回噴油嘴接頭。

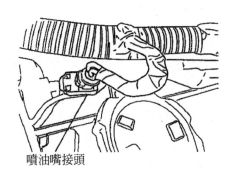

噴油嘴接頭

標準值：13±5Ω(在 20℃時)

【標準值】參閱中華汽車 VERYCA 引擎與全車電路修護手冊(13A-58 頁)。

範例五：前鼓風機電阻器電阻量測(以中華 VERYCA 為例)

　　使用三用電表歐姆檔 200 檔位，檢測指定端子腳位。自乘客側座位前，於冷氣鼓風機旁拆下鼓風機電阻，再使用三用電表檢查量測值是否在標準值範圍內。

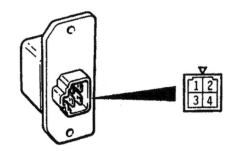

測量端子	標準值 Ω
端子 2-3 之間(LO)	1.96±7%
端子 2-1 之間(ML)	0.95±7%
端子 2-4 之間(MH)	0.33±7%

【標準值】參閱中華汽車 SPACE GEAR 底盤修護手冊(55-25 頁)。

範例六：引擎冷卻水溫錶之電阻量測(以中華 VERYCA 為例)

　　使用三用電表歐姆檔 200 及 2KΩ 檔位，檢測指定端子腳位。

　　步驟：1. 拆下儀錶總成。

　　　　　2. 翻轉到背面依下圖示拆下電源供應鎖緊螺絲。

　　　　　3. 使用電錶量測指定端子間電阻值。

註 將測試用探針插入電源供應端子時，要小心勿觸及印刷電路板。

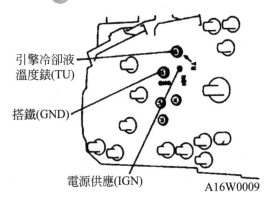

引擎冷卻液溫度錶(TU)

搭鐵(GND)

電源供應(IGN)

A16W0009

標準值：

電源供應(IGN)-搭鐵：192-233Ω

電源供應(IGN)-引擎冷卻水溫度錶(TU)：53-59Ω

引擎冷卻水溫度錶(TU)-搭鐵(GND)：245-292Ω

【標準值】參閱中華汽車 SPACE GEAR 底盤修護手冊(54-22 頁)。

範例七：燃油錶之電阻量測(以中華 VERYCA 為例)

使用三用電表歐姆檔 200 及 2KΩ 檔位，檢測指定端子腳位。

步驟：1. 拆下儀錶總成。

2. 翻轉到背面依下圖示拆下電源供應鎖緊螺絲。

3. 使用電錶量測指定端子間電阻值。

註 將測試用探針插入電源供應端子時，要小心勿觸及印刷電路板。

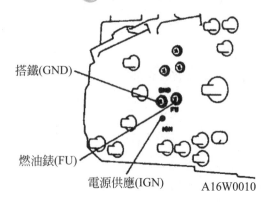

搭鐵(GND)

燃油錶(FU)

電源供應(IGN)

A16W0010

標準值：

電源供應(IGN)-(GND)：230-271Ω

電源供應(IGN)-燃油錶(FU)：94-107Ω

燃油錶(FU)-搭鐵(GND)：135-165Ω

【標準值】參閱中華汽車 SPACE GEAR 底盤修護手冊(54-22 頁)。

範例八：點火線圈電阻量測(以中華 VERYCA 為例)

使用三用電表歐姆檔 200 檔位及 20KΩ 檔位，檢測指定點火線圈端子腳位。

自引擎室內拆下點火模組，再使用三用電表檢查量測

1. 一次測線圈電阻值量測(+)及(−)之間電阻值。

2. 二次測線圈電阻值量測高壓電端子和(+)端子之間電阻值。

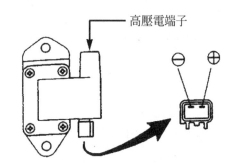

高壓電端子

項目		標準值
點火線圈	一次線圈電阻 Ω	0.67～0.81
	二次線圈電阻 KΩ	11.3～15.3

【標準值】參閱中華汽車 SPACE GEAR 引擎與全車電路修護手冊(16A-14 頁)。

範例九：牌照燈總成電壓量測(左側，以 TOYOTA CAMRY GSV40 為例)

用三用電表電壓檔 20 檔位，檢測指定牌照燈總成線束側 S4 端子腳位。自駕駛室內打開後行李廂開關，拆下牌照燈總成插頭，再使用三用電表檢查量測 S4-1～S4-2 之間電壓值。將燈總成開關由 OFF 切換至 TAIL 狀態觀察電壓值變化是否合乎標準值。

左側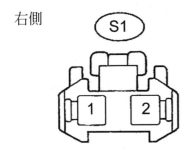

連接的端子	條件	規定情況
S4-1～S4-2	燈光控制開關 OFF → TAIL	低於 1V → 10 至 14V
S4-1～S4-2	燈光控制開關 OFF → TAIL	低於 1V → 10 至 14V

【標準值】參閱 TOYOTA CAMRY GSV40 系列電器(三)修護手冊(LI-210 頁)。

範例十：牌照燈總成電壓量測(右側，以 TOYOTA CAMRY GSV40 為例)

用三用電表電壓檔 20 檔位，檢測指定牌照燈總成線束側 S1 端子腳位。自駕駛室內打開後行李廂開關，拆下牌照燈總成插頭，再使用三用電表檢查量測 S1-1～S1-2 之間電壓值。將燈總成開關由 OFF 切換至 TAIL 狀態觀察電壓值變化是否合乎標準值。

右側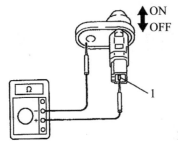

連接的端子	條件	規定情況
S1-1～S1-2	燈光控制開關 OFF → TAIL	低於 1V → 10 至 14V
S1-1～S1-2	燈光控制開關 OFF → TAIL	低於 1V → 10 至 14V

【標準值】參閱 TOYOTA CAMRY GSV40 系列電器(三)修護手冊(LI-210 頁)。

範例十一：前車門禮儀燈開關總成電阻量測(以 TOYOTA CAMRY GSV40 為例)

用三用電表歐姆檔 200 檔位及 20K 檔位，檢測指定前車門禮儀燈開關端子腳位。開啟前車門使用 T30『星形』套筒板手，拆下星形螺栓。拆開插頭拆下前車門禮儀燈開關，再使用三用電表檢查量測『1–開關本體』之間電阻值。將前車門禮儀燈開關由 ON 切換至 OFF 狀態觀察電阻值變化是否合乎標準值。

ON
OFF

連接的端子	開關作用	規定情況
1–開關本體	未按下(ON)	低於 1Ω
	按下(OFF)	10KΩ 或更高

E071371EC

【標準值】參閱 TOYOTA CAMRY GSV40 系列電器(三)修護手冊(LI-266 頁)。

範例十二：後車門禮儀燈開關總成電阻量測(以 TOYOTA CAMRY GSV40 為例)

用三用電表歐姆檔 200 檔位及 20K 檔位，檢測指定後車門禮儀燈開關端子腳位。開啟後車門使用 T30『星形』套筒板手，拆下星形螺栓。拆開插頭拆下後車門禮儀燈開關，再使用三用電表檢查量測『1–開關本體』之間電阻值。將後車門禮儀燈開關由 ON 切換至 OFF 狀態觀察電阻值變化是否合乎標準值。

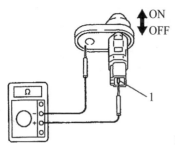

E071371EC

連接的端子	開關作用	規定情況
1–開關本體	未按下(ON)	低於 1Ω
	按下(OFF)	10KΩ 或更高

【標準值】參閱 TOYOTA CAMRY GSV40 系列電器(三)修護手冊(LI-268 頁)。

範例十三：電瓶電壓量測(以 TOYOTA WISH ANE12 為例)

(1) 如果在行駛後引擎熄火時間尚未超過 20 分鐘，打開點火開關及電器系統(頭燈、鼓風機馬達、後除霧線等等)約 60 秒鐘，將電瓶的表面充電除去。

(2) 將點火開關及電器系統關閉。

(3) 使用三用電表電壓檔 20V 量測電瓶正極(十)與負極(一)端子間的電瓶電壓。

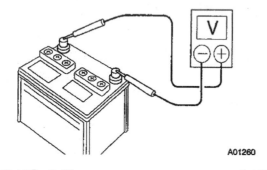

A01260

標準電壓：20℃時 12.5-12.9V
如果電壓低於規格值，將電瓶充電。

【標準值】參閱 TOYOTA WISH ANE12 系列引擎與底盤修護手冊(19-6 頁)。

範例十四：電瓶液比重量測(以 TOYOTA WISH ANE12 為例)

(1) 檢查電瓶電解液高度：先行目視檢查電瓶各分電池電解液高度，若低於下限則添加蒸餾水。

(2) 檢查電瓶電解液比重：使用電瓶比重計檢查電瓶各分電池電解液比重，若低於規格值則電瓶須充電。

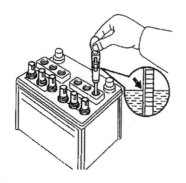

標準比重：在 20℃時 1.27-12.9
若比重低於規格值，將電瓶充電。

【標準值】參閱 TOYOTA WISH ANE12 系列引擎與底盤修護手冊(19-6 頁)。

範例十五：冷卻風扇繼電器量測(以 TOYOTA WISH ANE12 為例)

　　拆下引擎室保險絲與繼電器盒內的冷卻風扇繼電器，使用三用電表歐姆檔 200 與 20K 檔位，依指定量測狀況測量 3 與 5 腳位，測量出電阻值。

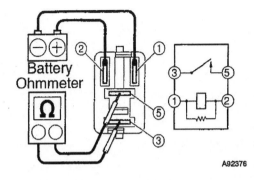

A92376

測試器連接的端子	規定狀況
3–5	10KΩ 或以上
3-5	1Ω 以下 (施加電瓶電壓至端子 1 與 2 上)

【標準值】參閱 TOYOTA WISH ANE12 系列引擎與底盤修護手冊(16-6 頁)。

範例十六：噴油嘴總成電阻值量測(以 TOYOTA WISH ANE12 為例)

　　先行使用手工具拆除引擎護蓋，再將指定測量缸之噴油嘴插頭拆除。使用三用電表歐姆檔 200 檔位量測噴油嘴 1 與 2 端子腳位，測量其電阻值是否合乎規範。

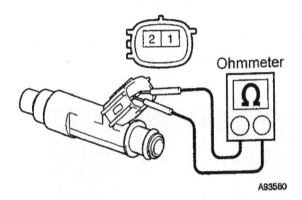

A93580

測試連接之端子	電阻值
1-2	在 20°C 11.6～12.4Ω

【標準值】參閱 TOYOTA WISH ANE12 系列引擎與底盤修護手冊(11-9 頁)。

檢修故障項目：

(一) 第一題：檢修汽車起動及儀表

　　1. 起動檢修程序(以中華 VERYCA 為例)

KEY START
- 無法啟動檢查『電瓶』
- 使用三用電錶及 BT400 儀器檢查

KEY START
- 無法啟動檢查『保險絲』
- 使用三用電錶檢查

KEY START
- 無法啟動檢查『起動馬達繼電器』及『起動線路』
- 使用三用電錶檢查

KEY START
- 無法啟動檢查『啟動馬達本體』
- 使用三用電錶檢查

範例一：電瓶故障(以中華 VERYCA 為例)

　　　　檢測：使用 BT400 電瓶測試器檢測，紅色測試夾夾至電瓶正極，黑色測試夾夾至電瓶負極。再按下測試按鈕須在綠色範圍值內。注意不可超過 5 秒鐘，以免損壞電瓶。

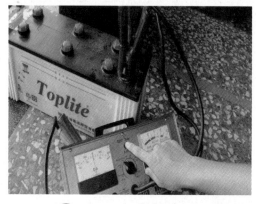

註　10.5V 以上為綠色區域表示為良 • Good
10～10.5V 為黃色區域表示為要注意 • Uncertain
10V 以下為紅色區域表示為要充電不良 • NotGoo

測試步驟

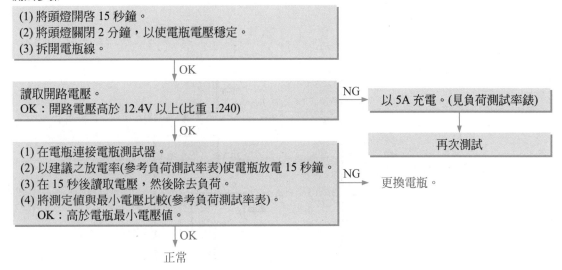

(1) 將頭燈開啟 15 秒鐘。
(2) 將頭燈關閉 2 分鐘，以使電瓶電壓穩定。
(3) 拆開電瓶線。

↓ OK

讀取開路電壓。
OK：開路電壓高於 12.4V 以上(比重 1.240)

NG → 以 5A 充電。(見負荷測試率錶)
↓
再次測試

↓ OK

(1) 在電瓶連接電瓶測試器。
(2) 以建議之放電率(參考負荷測試率表)使電瓶放電 15 秒鐘。
(3) 在 15 秒後讀取電壓，然後除去負荷。
(4) 將測定值與最小電壓比較(參考負荷測試率表)。
　OK：高於電瓶最小電壓值。

NG → 更換電瓶。

↓ OK

正常

【標準值】參閱中華汽車 VERYCA 底盤修護手冊(54-2 頁)。

範例二：起動線路故障(以中華 VERYCA 為例)
　　檢測：使用三用電表直流電壓 20V 檔位，打啟動馬達量測啟動馬達 S 端與 M 端
　　　　　是否有電瓶電壓訊號。若無電瓶電壓訊號則檢修起動電路是否鬆脫。若有
　　　　　電瓶電壓訊號則檢修啟動馬達本體。

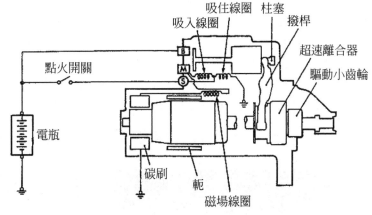

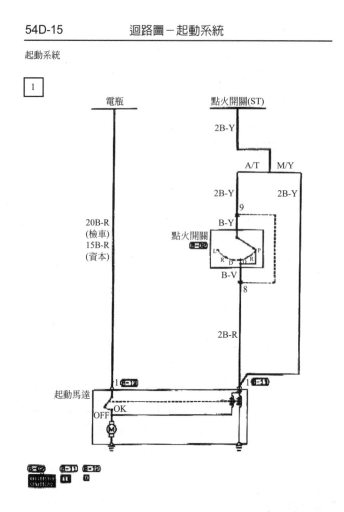

54D-15   迴路圖－起動系統

起動系統

【標準值】參閱中華汽車 VERYCA 引擎與全車電路修護手冊(54D-15 頁)。

範例三：易熔絲故障(以中華 VERYCA 為例)

　　　　檢測：查閱修護手冊對照保險絲盒外蓋找出啟動相關保險絲，使用三用電表歐姆檔
200 檔位一一做檢測，若顯示『1』則為斷路更換相同規格保險絲再啟動引擎測試之。

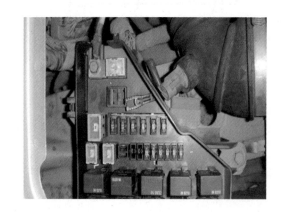

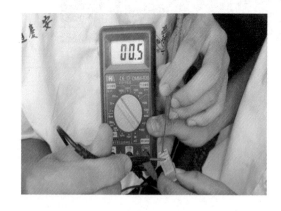

● 專用保險絲(引擎室內繼電器盒)

電源迴路	保證絲號碼	規定容量(A)	顏色	使用負載
電瓶(易熔絲 NO, 1)	1	15	藍色	霧燈
	2	15	藍色	A/C 壓縮機繼電器、A/C 壓縮機
	3	10	紅色	ETACS-ECU
	4	10	紅色	引擎-ECU
	5	10	紅色	刹車燈、刹車燈開關
	6	15	藍色	後 A/C 單元
－	7	－	－	－
－	8	－	－	－
點火開關(IGI)	9	10	紅色	含氧感知器
點火開關(ACC)	10	10	紅色	喇叭
頭燈繼電器(LO)	11	10	紅色	頭燈(LH)
	12	10	紅色	頭燈(RH)
頭燈繼電器(HI)	13	10	紅色	頭燈(LH)、遠光指示燈
	14	10	紅色	頭燈(RH)

引擎室內繼電器盒

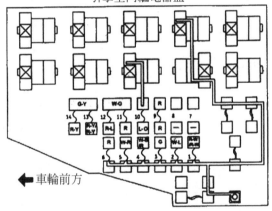

← 車輪前方

【標準值】參閱中華汽車 VERYCA 引擎與全車電路修護手冊(54D-6 頁)。

範例四：驅動小齒輪故障(以中華 VERYCA 為例)

檢測：打鑰匙開關啓動引擎，若啓動引擎聲音呈現快速空轉聲響時則拆下啓動馬達

檢測啓動馬達本體，查看驅動小齒輪是否故障

【標準值】參閱中華汽車 VERYCA 引擎與全車電路修護手冊(16-4～16-6 頁)

範例五：點火開關或接頭故障(以中華 VERYCA 為例)

> 檢測：將鑰匙開關轉至 ON，檢視儀表板指示燈是否正常亮起，若無則檢查電瓶電源及拆開方向盤護蓋檢查點火開關線路或接頭是否鬆脫或故障。

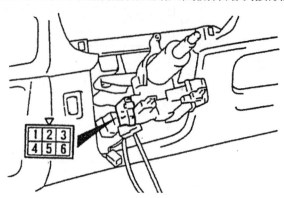

點火鑰匙位置	端子號碼				
	1	2	4	5	6
LOCK					
ACC	○				○
ON	○	○	○		○
START	○	○		○	

【標準值】參閱中華汽車 VERYCA 底盤修護手冊(54-2 頁)。

2. 儀表檢修程序(以中華 VERYCA 為例)

KEY ON
- 檢查儀表各警示燈燈泡是否正常點亮
- 燈光異常使用三用電表檢查線路及接頭

KEY ON
- 檢查『燃油表』、『水溫表』、『引擎轉速表』、『手煞車警示燈』、『機油壓力警示燈』作動狀態
- 燈光異常使用三用電表檢查線路及接頭

KEY START
- 檢查儀表『機油壓力警示燈』是否熄滅
- 燈光異常使用三用電表檢查線路及接頭

範例一：燃油錶、線路或構件故障
　　檢測：將鑰匙開關轉至 ON，檢視儀表板燃油錶是否正常作動，若無則查閱修護手
　　　　　冊，使用三用電表檢查線路或構件是否故障。

【標準值】參閱中華汽車 VERYCA 底盤修護手冊(54-6～54-8 頁)。

範例二：機油壓力錶、線路或構件故故障(以中華 VERYCA 為例)
　　檢測：將鑰匙開關轉至 ON，檢視儀表板機油壓力錶是否正常作動，若無則查閱修
　　　　　護手冊使用三用電表檢查線路或燈泡構件是否故障。

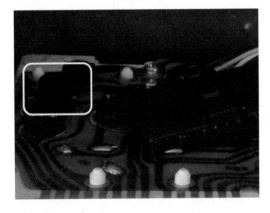

【標準值】參閱中華汽車 VERYCA 底盤修護手冊(54-6～54-8 頁)。

範例三：水溫錶、線路或構件故障(以中華 VERYCA 為例)
　　檢測：將鑰匙開關轉至 ON，檢視儀表板水溫錶是否正常作動，若無則查閱修護手
　　　　　冊，使用三用電表檢查線路或構件是否故障。

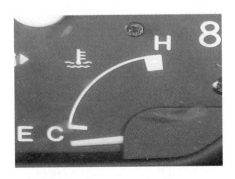

項目	標準值
引擎冷卻水溫度表單元電阻(50°C)Ω	131±8.5

【標準值】參閱中華汽車 VERYCA 底盤修護手冊(54-6～54-8 頁)。

範例四： 手煞車警示燈、線路或構件故障(以中華 VERYCA 為例)

檢測：將鑰匙開關轉至 ON，檢視儀表板手煞車警示燈是否正常作動，若無則查閱
修護手冊使用三用電表檢查線路或手煞車開關構件是否故障。拉起手剎車，
開關會呈導通現象，釋放手剎車則呈斷路現象。

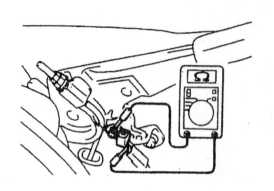 

【標準值】參閱中華汽車 VERYCA 底盤修護手冊(36-1 頁)。

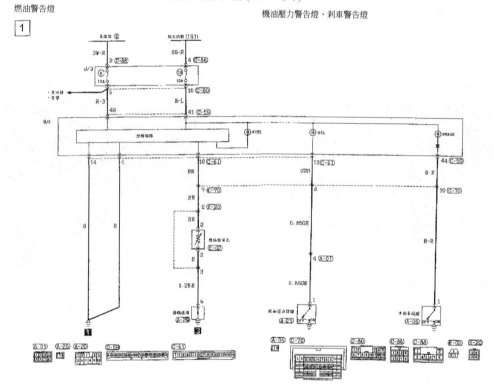

【標準值】參閱中華汽車 VERYCA 引擎與全車電路修護手冊(54D-71～54D-72 頁)。

檢修故障項目：

第二題：檢修汽車充電系統及燈光系統

1. 充電系統檢修程序(以中華 SPACE GEAR 為例)

KEY OFF	• 檢查『電瓶』、『電解液』 • 使用三用電表及比重計量測
KEY ON	• 檢查儀表『充電指示燈』、『發電機皮帶』 • 檢視儀表充電指示燈及電機皮帶張力
KEY ON	• 量測『磁場線圈電壓』、『保險絲』 • 使用三用電表量測
KEY START	• 量測『發電機本體』充電電壓及充電電流 • 使用電流勾表量測

範例一：電瓶異常檢查(以中華 SPACE GEAR 為例)

檢測：

Step 1　先行檢查電瓶電解液液面高度是否在上下限之間。

Step 2　再使用電瓶比重計量測電瓶各分電池內電瓶液比重，若有任一分電池比重計呈現紅色代表充電不足須更換電池。

Step 3　以及使用 BT400 電瓶測試器檢測，紅色測試夾夾至電瓶正極，黑色測試夾夾至電瓶負極。再按下測試按鈕須在綠色範圍值內。注意不可超過 5 秒鐘，以免損壞電瓶。

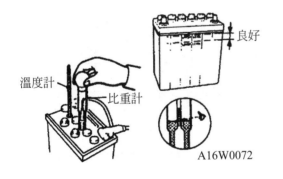

溫度計　比重計　良好　A16W0072

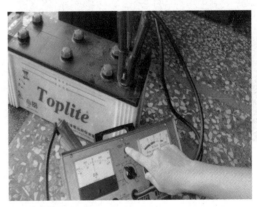

項目	規格
電瓶液之比重	1.220～1.290(20℃)

$D20 = Dt + 0.0007(t-20)$

D20：相當於 20℃ 時電瓶之比重值

Dt：實際測得之比重

t：實際測得之溫度

測試步驟

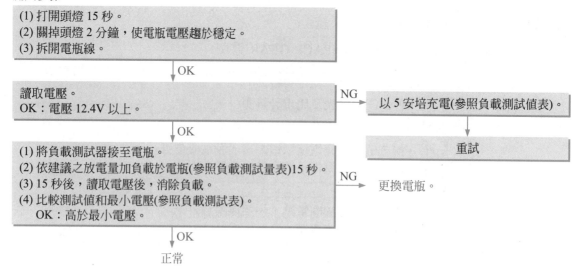

```
(1) 打開頭燈 15 秒。
(2) 關掉頭燈 2 分鐘，使電瓶電壓趨於穩定。
(3) 拆開電瓶線。
```
                    │ OK
                    ↓
```
讀取電壓。                          NG →   以 5 安培充電(參照負載測試值表)。
OK：電壓 12.4V 以上。
```
                    │ OK   ↓
                    ↓   重試
```
(1) 將負載測試器接至電瓶。
(2) 依建議之放電量加負載於電瓶(參照負載測試量表)15 秒。
(3) 15 秒後，讀取電壓後，消除負載。        NG →   更換電瓶。
(4) 比較測試值和最小電壓(參照負載測試表)。
   OK：高於最小電壓。
```
                    │ OK
                    ↓
                   正常

【標準值】參閱中華汽車 SPACE GEAR 底盤修護手冊(54-2 頁)。

範例二： 保險絲故障檢查(以中華 SPACE GEAR 為例)

檢測：將鑰匙 KEY ON 檢查儀錶充電指示燈是否會亮起，若未亮起查閱修護手冊對照保險絲盒外蓋找出充電相關保險絲，使用三用電表歐姆檔 200 檔位一一做檢測，若顯示『1』則為斷路更換相同規格保險絲再 KEY ON 檢查之。

易熔絲

NO.	電源供應電路	規格(A)	外殼顏色	負載電路
1	電瓶	80	黑	
2		30	粉紅	
3		80	黑	
4		30/40	粉紅絲	
5		100	藍	
6		80	黑	
7		20	黃	
8		30	粉紅	
9		50	紅	
10	易熔絲	40		

(直接連接到電瓶正極)

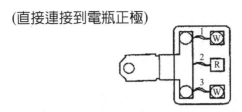

(引擎室中之繼電器盒)

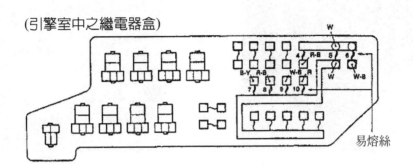

易熔絲

【標準值】參閱中華汽車 SPACE GEAR 引擎與全車電路修護手冊(54D-9 頁)。

範例三： 發電機磁場線路故障檢查(以中華 SPACE GEAR 為例)

檢測：將鑰匙 KEY ON 檢查儀錶充電指示燈是否會亮起，若未亮起檢查發電機磁場
線路接頭是否鬆脫故障。

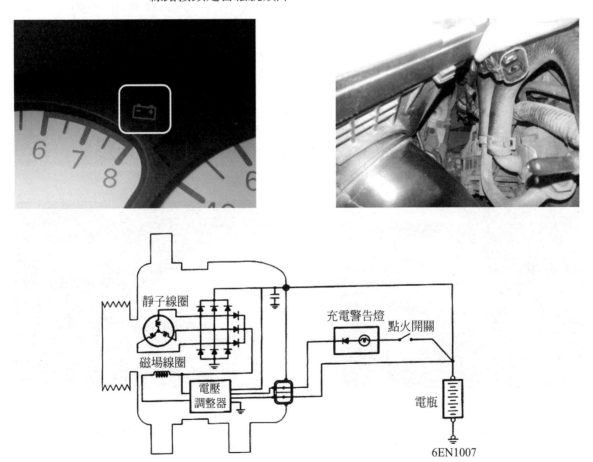

6EN1007

【標準值】參閱中華汽車 SPACE GEAR 引擎與全車電路修護手冊(16A-1～16A-7 頁)。

範例四：充電指示燈線路故障檢查(以中華 SPACE GEAR 為例)
　　　　檢測：將鑰匙 KEY ON 檢查儀錶充電指示燈是否會亮起，若未亮起檢查充電指示燈
　　　　線路是否故障及儀錶總成接頭是否鬆脫。

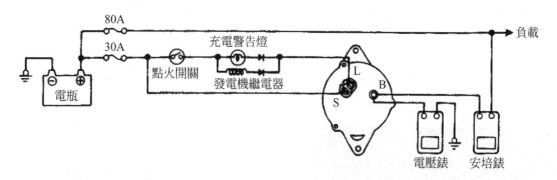

【標準值】參閱中華汽車 SPACE GEAR 引擎與全車電路修護手冊(16A-1～16A-7 頁)。

範例五：發電機皮帶未裝或過鬆檢查(以中華 SPACE GEAR 為例)
　　　　檢測：使用手指下壓發電機皮帶兩驅動輪中間位置，檢查皮帶張力。若張力低於廠
　　　　加規範值則調整發電機皮帶張力。

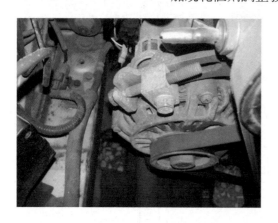 

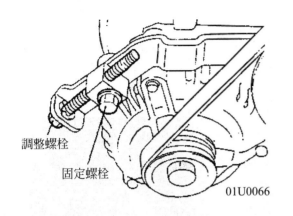
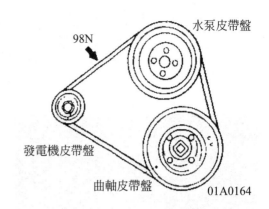

調整螺栓
固定螺栓
01U0066

98N
水泵皮帶盤
發電機皮帶盤
曲軸皮帶盤
01A0164

項目			標準值
驅動皮帶撓曲量 mm	發電機	檢查時	7.0–9.0
		安裝新皮帶時	5.5–7.5
		安裝舊皮帶時	7.5–8.5

【標準值】參閱中華汽車 SPACE GEAR 引擎與全車電路修護手冊(11A-3～11A-6 頁)。

2. 燈光系統檢修程序(以中華 SPACE GEAR 為例)

KEY ON
• 檢查車上燈光系統是否正常作動
• 請助手坐於駕駛室內操作，考生至車外檢查

KEY ON
• 檢查『頭燈』、『方向燈／危險警告燈』、『煞車燈』、『倒車燈』、『車室內燈』作動狀態
• 燈光異常使用三用電表檢查

KEY ON
• 燈光異常處使用三用電表歐姆檔檢查保險絲、燈泡
• 燈光異常處使用三用電表電壓檔檢查開關、接頭

範例一：燈光保險絲故障(以中華 SPACE GEAR 為例)

　　　　檢測：將鑰匙開關轉至 ON，檢視各燈光系統是否正常作動，若無則查閱修護手冊
　　　　　　　對照保險絲盒外蓋找出燈光相關保險絲，使用三用電表歐姆檔 200 檔位逐一
　　　　　　　做檢測，若顯示『1』則為斷路更換相同規格保險絲再測試之。

 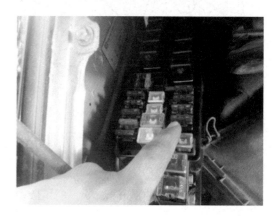

【標準值】參閱中華汽車 SPACE GEAR 引擎與全車電路修護手冊(54D-9 頁)。

範例二：車室內燈線路或燈泡故障(以中華 SPACE GEAR 為例)

　　　　檢測：將鑰匙開關轉至 ON，檢視車室內燈是否正常作動，若無則拆下車室內燈燈
　　　　　　　泡使用三用電表檢查燈泡構件是否故障。

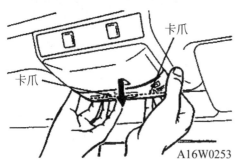 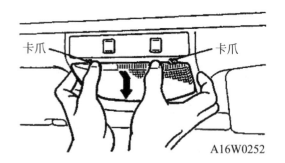

【標準值】參閱中華汽車 SPACE GEAR 底盤修護手冊(52-12 頁)。

範例三：倒車燈開關或線路故障(以中華 SPACE GEAR 爲例)
檢測：將鑰匙開關轉至 ON，將排檔桿排至 R 檔，檢視倒車燈是否正常作動，若無
則使用三用電表檢查倒車燈開關是否故障或燈座接頭鬆脫。

【標準值】參閱中華汽車 SPACE GEAR 引擎與全車電路修護手冊(54D-53～54D-54 頁)。

範例四：左、右或前後方向燈瓦特數不合規定(以中華 SPACE GEAR 爲例)
檢測：將鑰匙開關轉至 ON，檢視方向燈是否正常作動，若有左右方向燈閃爍速度
不同，則拆下左右方向燈燈泡檢查燈泡瓦特數是否不合規定。

【標準值】參閱中華汽車 SPACE GEAR 底盤修護手冊(54-36～54-38 頁)。

檢修故障項目：

1. 檢修汽車空調系統及雨刷系統

   範例一：空調系統檢修程序(以 TOYOTA CAMRY GSV40 為例)

   | KEY START | • 按 A/C SW 及鼓風機 SW
• 測試冷氣冷度及風量 |

   | KEY START | • 鼓風機若無作用
• 檢查鼓風機繼電器及控制電路 |

   | KEY START | • 冷氣若無作用
• 檢查 1.壓縮機繼電器 2.低壓開關 3.冷媒量 |

   | KEY START | • 檢查冷凝器風扇繼電器及控制電路 |

   範例二：壓縮機控制繼電器或線路故障(以 TOYOTA CAMRY GSV40 為例)

   　　　　檢測：打鑰匙開關啟動引擎，壓下恆溫空調 A/C 開關測試冷氣，若冷氣壓縮機電磁開關無作動，則查閱修護手冊找出相關元件位置，及使用三用電表歐姆檔量測壓縮機控制繼電器與線路檢測是否故障。

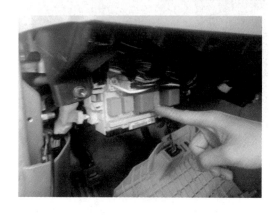

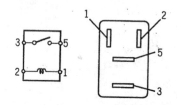

連接的端子	規定情況
3-5	10KΩ 或更高
3-5	低於 1Ω(供電至 1 和 2 端子)

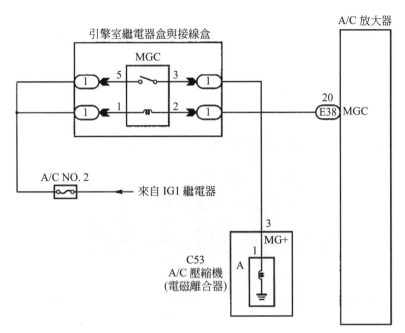

【標準值】參閱 TOYOTA CAMRY GSV40 系列底盤(三)電器(一)修護手冊(AC-126-AC130 頁)。

範例三： 低壓開關或線路故障(以 TOYOTA CAMRY GSV40 為例)

檢測：打鑰匙開關啟動引擎，壓下恆溫空調 A/C 開關測試冷氣，若冷氣無作動檢查冷媒壓力表壓力，若高低壓無差異則檢查低壓開關是否有鬆脫或故障現象。

A/C 壓力感知器接頭前視圖：

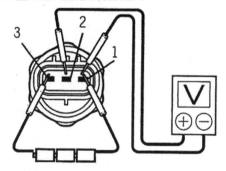

【標準值】參閱 TOYOTA CAMRY GSV40 系列底盤(三)電器(一)修護手冊(AC-322 頁)。

範例四： 冷凝器風扇線路故障(以 TOYOTA CAMRY GSV40 為例)

檢測：打鑰匙開關啟動引擎，壓下恆溫空調 A/C 開關測試冷氣，冷氣作動後檢查冷凝器風扇作動狀況，若風扇無作動則檢查冷凝器風扇插頭及線路是否鬆脫或故障。

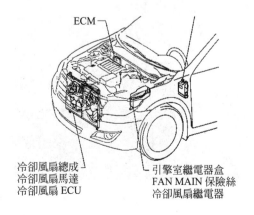

【標準值】參閱 TOYOTA CAMRY GSV40 系列引擎(四)修護手冊(CO-2～CO-4 頁)。

範例五：冷凝器風扇繼電器故障(以 TOYOTA CAMRY GSV40 為例)

檢測：打鑰匙開關啟動引擎，壓下恆溫空調 A/C 開關測試冷氣，冷氣作動後檢查冷凝器風扇作動狀況，若風扇無作動則查閱修護手冊找出相關元件位置，及使用三用電表歐姆檔量測壓檢查冷凝器風扇繼電器是否故障。

【標準值】參閱 TOYOTA CAMRY GSV40 系列底盤(三)電器(一)修護手冊(AC-5 頁)。

2. 雨刷系統檢修程序：

KEY ON	• 測試雨刷開關切換低中高速及間歇作用狀態
KEY ON	• 雨刷若無作用 • 檢查雨刷系統保險絲
KEY ON	• 雨刷若無作用 • 檢查雨刷系統開關
KEY ON	• 雨刷若無作用 • 檢查雨刷系統接頭及控制電路

範例一：噴水馬達線路或噴水功能故障(以 TOYOTA CAMRY GSV40 為例)

檢測：將鑰匙開關轉至 ON，作動噴水馬達測試噴水功能是否正常，若無作動則檢查噴水馬達插頭或線路是否有鬆脫或故障。

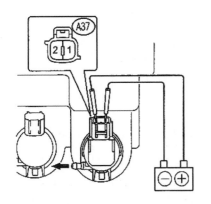

測量條件	規定情況
電瓶正極(+) → A37-1 端子	雨刷清洗液從
電瓶負極(−) → A37-2 端子	儲液筒中流出

【標準值】參閱 TOYOTA CAMRY GSV40 系列電器(三)修護手冊(WW-26 頁)。

範例二：雨刷系統接頭故障(以 TOYOTA CAMRY GSV40 為例)
　　　　檢測：將鑰匙開關轉至 ON，作動雨刷開關測試切換低中高速及間歇作用狀態是否
　　　　　　　正常，若無作動則拆除雨刷蓋護板檢查雨刷系統接頭是否鬆脫。

擋風玻璃雨刷馬達總成

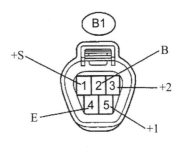

【標準值】參閱 TOYOTA CAMRY GSV40 系列電器(三)修護手冊(WW-42 頁)。

範例三：雨刷開關或接頭故障(以 TOYOTA CAMRY GSV40 為例)
　　　　檢測：將鑰匙開關轉至 ON，檢視雨刷或空調系統是否正常作動，若無則查閱修護
　　　　　　　手冊找出雨刷電路，拆開綜合開關護蓋，使用三用電表做檢測並檢查雨刷開
　　　　　　　關或接頭是否有鬆脫或故障。

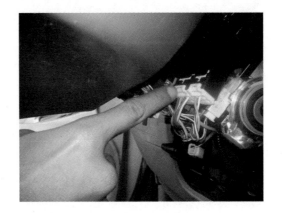

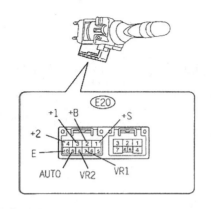

連接的端子	接頭	情況
E20-2(+B)～E20-4(+2)	HI	
E20-3(+1)～E20-2(+B)	MIST	低於1Ω
	LO	
E20-3(+1)～E20-1(+S)	OFF	
E20-9(AUTO)～E20-10(E)	AUTO	
E20-7(VR1)～E20-8(VR2)	AUTO	50KΩ

【標準值】參閱 TOYOTA CAMRY GSV40 系列電器(三)修護手冊(WW-21 頁)。

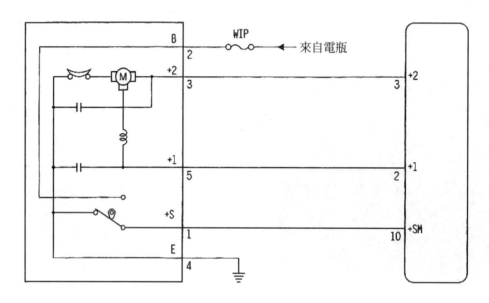

【標準值】參閱 TOYOTA CAMRY GSV40 系列電器(三)修護手冊(WW-14 頁)。

檢修故障項目：

第四題：檢修汽車車身電系統

1. 車身電系統檢修程序：

KEY ON	• 檢查 1.喇叭 2.中控門鎖 3.電動車窗 4.電動後視鏡 5.電動座椅
KEY ON	• 喇叭若無作用 • 檢查 1.喇叭保險絲 2.喇叭繼電器 3.喇叭本體 4.喇叭開關及電路
KEY ON	• 中控門鎖無作用 • 檢查 1.中控門鎖開關 2.中控門鎖馬達 3.中控門鎖控制器及電路
KEY ON	• 電動車窗無作用 • 檢查 1.電動車窗開關 2.電動車窗馬達 3.電動車窗控制器及電路
KEY ON	• 電動後視鏡無作用 • 檢查 1. 電動後視鏡開關 2.電動後視鏡馬達 3.電動後視鏡控制器及電路

範例一：喇叭保險絲故障(以 TOYOTA WISH ANE12 為例)

檢測：將鑰匙開關轉至 ON，按下喇叭開關操作喇叭測試是否正常作動，若無則查閱修護手冊對照保險絲盒外蓋找出喇叭相關保險絲，使用三用電表歐姆檔200檔位做檢測，若顯示『1』則為斷路更換相同規格保險絲再測試之。

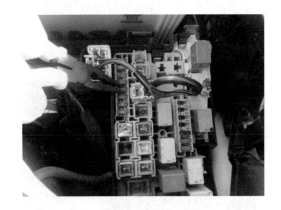

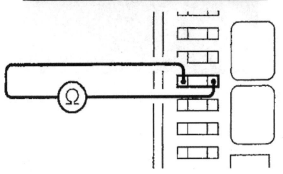

檢查保險絲(標示：HORN)
(a) 測量喇叭保險絲的電阻值。
標準：1Ω 以下
若結果不符規定，請更換保險絲。

【標準值】參閱 TOYOTA WISH ANE12 系列車身與電器修護手冊(77-3 頁)。

範例二：喇叭繼電器故障(以 TOYOTA WISH ANE12 為例)

檢測：打鑰匙開關轉至 ON，按下喇叭開關操作喇叭測試是否正常作動，，若喇叭測試無作動則查閱修護手冊找出喇叭繼電器相關元件位置，及使用三用電表歐姆檔量測喇叭繼電器是否故障。

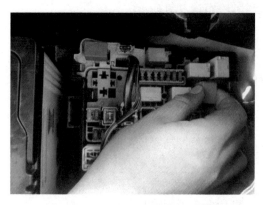

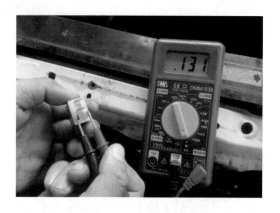

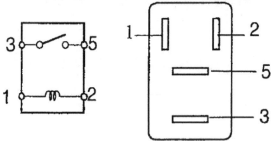

檢查繼電器(標示：HORN)

測量條件	規定條件
3–5	10KΩ 或更高
3-5	低於 1Ω (當電瓶電壓供應到 1 號及 2 號端子時)

【標準值】參閱 TOYOTA WISH ANE12 系列車身與電器修護手冊(77-3 頁)。

範例三：喇叭本體故障(以 TOYOTA WISH ANE12 為例)

檢測：打鑰匙開關轉至 ON，按下喇叭開關操作喇叭測試是否正常作動，，若喇叭測試無作動則可先拔掉喇叭本體接頭使用三用電表量測是否有訊號電壓，若無則可量測喇叭本體是否故障。

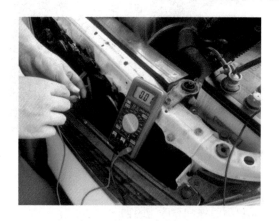

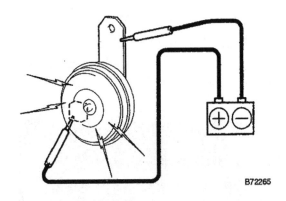

測量條件	規定條件
電瓶正極(+) → 1 號端子 電瓶負極(−) → 喇叭支架	喇叭作響

B72265

【標準值】參閱 TOYOTA WISH ANE12 系列車身與電器修護手冊(77-3 頁)。

範例四:電動車窗線路故障(以 TOYOTA WISH ANE12 為例)

　　　　檢測:將鑰匙開關轉至 ON,作動電動車窗開關測試切換電動車窗作用狀態是否正常,若無作動則拆開電動車窗開關檢查電動車窗系統接頭是否鬆脫。

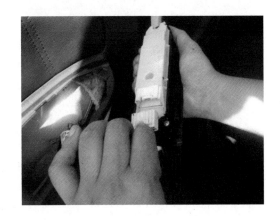

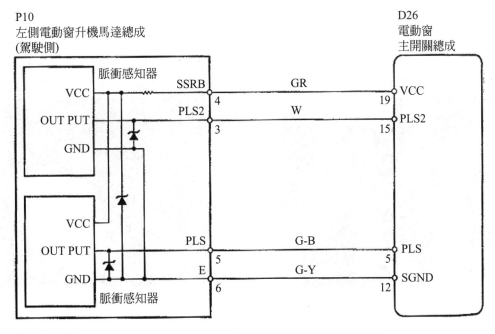

【標準值】參閱 TOYOTA WISH ANE12 系列電器診斷修護手冊(05-888～05-944 頁)。

範例五：電動車窗開關或接頭故障(以 TOYOTA WISH ANE12 為例)

檢測：將鑰匙開關轉至 ON，作動電動車窗開關測試切換電動車窗作用狀態是否正常，若無作動則拆開電動車窗開關使用三用電表電壓檔位量測開關作動電壓導通情形檢查電動車窗開關是否斷路故障。

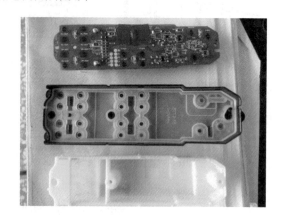

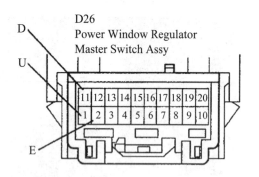

D26
Power Window Regulator
Master Switch Assy

(a) 拆下電動窗主開關(已接上接頭)。
(b) 將點火開關轉至 ON
(c) 量測端子電壓

連接端子	開關狀況	規定值
D26-1(U)～D26-2(E)	UP	10～14V
D26-11(U)～D26-2(E)	DOWN	10～14V

若不合規範則更換電動窗主開關

【標準值】參閱 TOYOTA WISH ANE12 系列電器診斷修護手冊(05-920 頁)。

範例六：電動後視鏡馬達故障(以 TOYOTA WISH ANE12 為例)

檢測：打鑰匙開關轉至 ON，按下電動後視鏡開關操作電動後視鏡測試是否正常作動，若電動後視鏡測試無作動則可先拔掉電動後視鏡本體接頭使用三用電表量測是否有訊號電壓，若無則可量測電動後視鏡本體是否故障。

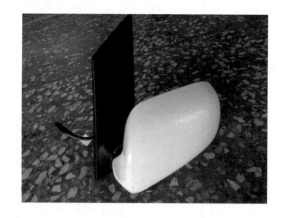

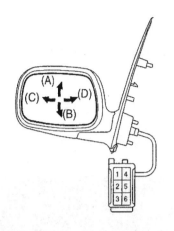

電瓶連接端子	作動方向
電瓶正極 – 3(MV) 電瓶負極 – 2(M+)	向上(A)
電瓶正極 – 2(M+) 電瓶負極 – 3(MV)	向下(B)
電瓶正極 – 1(MH) 電瓶負極 – 2(M+)	向左(C)
電瓶正極 – 2(M+) 電瓶負極 – 1(MH)	向右(D)

若不合規範則更換電動後視鏡

【標準值】參閱 TOYOTA WISH ANE12 系列車身與電器修護手冊(70-48 頁)。

範例七：電動後視鏡開關或接頭故障(以 TOYOTA WISH ANE12 為例)

檢測：將鑰匙開關轉至 ON，作動電動後視鏡開關測試切換電動後視鏡作用狀態是否正常，若無作動則拆開電動後視鏡開關使用三用電表歐姆檔位量測開關作動導通情形檢查電動後視鏡開關是否斷路故障。

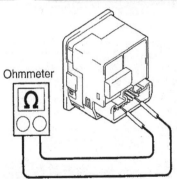

選擇左 / 右調整開關在 L：

測試器連接端子	開關位置	規定條件
4(VL) – 8(B) 6(M+) – 7(E)	上	1Ω 以下
4(VL) – 7(E) 6(M+) – 8(B)	下	1Ω 以下
5(HL) – 8(B) 6(M+) – 7(E)	左	1Ω 以下
5(HL) – 7(E) 6(M+) – 8(B)	右	1Ω 以下

選擇左 / 右調整開關在 R：

測試器連接端子	開關位置	規定條件
3(VR) – 8(B) 6(M+) – 7(E)	上	1Ω 以下
3(VR) – 7(E) 6(M+) – 8(B)	下	1Ω 以下
2(HR) – 8(B) 6(M+) – 7(E)	左	1Ω 以下
2(HR) – 7(E) 6(M+) – 8(B)	右	1Ω 以下

若不合規範則更換電動後視鏡開關

【標準值】參閱 TOYOTA WISH ANE12 系列車身與電器修護手冊(70-47 頁)。

伍、汽車修護乙級技術士技能檢定術科測試試題

一、題目：第五站全車綜合檢修

二、使用車輛介紹與搭配電腦：

使用車輛：Sentra 180

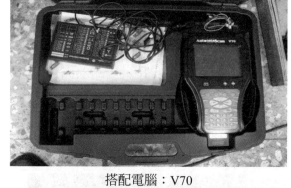

搭配電腦：V70

使用車輛：Altis 1.8

搭配電腦：亞洲版專用電腦

使用車輛：Innova 2.7

搭配電腦：Hanatech

使用車輛：Space gear 180

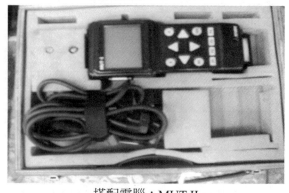

搭配電腦：MUT-II

伍、汽車修護乙級技術士技能檢定術科測試試題

(發應檢人、監評人員)

(本站在應試現場由監評人員會同應檢人，從應檢試題中任抽一題應考)

一、題目：全車綜合檢修

二、說明：

(一) 應檢人檢定時之基本資料填寫、閱讀試題、發問及工具準備時間為 5 分鐘，操作測試時間為 30 分鐘，另操作測試時間結束後資料查閱、答案紙填寫（限已完成之工作項目內容）及工具/設備/護套歸定位時間為 5 分鐘。

(二) 應檢人應先進行車輛進廠接待工作，依「進廠環車檢查表」完成進廠前委修車輛內外完整性檢查與核對工作(不需修復)，並請車主確認簽名後，方得進行全車檢修，否則「進廠環車檢查」不予計分。

(三) 依所提供工具、儀器(含專用診斷測試器、使用手冊)、修護手冊及電路圖，由應檢人依「全車檢修記錄表」之指定項目，檢查功能是否正常。全車檢修部分檢查結果如有不正常，應依修護手冊內容檢修至正常或調整至廠家規範。

(四) 依據故障情況，應檢人必須事先填寫領料單後，方可向監評人員提出更換零件或總成之請求，領料次數最多 5 項次。

(五) 規定測試時間結束或提前完成工作，應檢人須將進廠環車檢查(委修前車輛內外完整性檢查結果)已完成項目之檢查結果，與「全車檢修記錄表」指定項目檢修結果(正常與否、故障原因與處理方式)填寫於答案紙上，填寫項目實測值時，須請監評人員確認。

> **註** 故障檢修時，單一故障可能會造成多重故障碼顯示，仍須視為同一個故障項目。

(六) 電路線束不設故障，所以不准拆開，但接頭除外。

(七) 為保護檢定場所之電瓶及相關設備，起動引擎每次不得超過 10 秒鐘，再次起動時必須間隔 5 秒鐘以上，且不得連續起動 2 次以上。

(八) 應檢前監評人員應先將診斷儀器連線至檢定車輛，並確認其通訊溝通正常，車輛與儀器連線後之畫面應進入到診斷儀器之起始功能選擇項頁面。

(九) 應檢中應檢人可要求指導使用診斷儀器至起始功能選擇項頁面，但操作測試時間不予扣除。

三、評審要點：

(一) 操作測試時間：30 分鐘。測試時間終了，經評審制止不聽仍繼續操作者，則該項工作技能項目之成績不予計分。

(二) 技能標準：如評審表工作技能項目。

(三) 作業程序及工作安全與態度(本項為扣分項目)：如評審表作業程序及工作安全與態度各評審項目。

伍、汽車修護乙級技術士技能檢定術科測試試題

第 5 站　全車綜合檢修　　　　　答案紙(一)　　　　　(發應檢人)(第 1 頁共 4 頁)

姓　　名：＿＿＿＿＿＿＿　　檢定日期：＿＿＿＿＿＿＿　　監評人員簽名：＿＿＿＿＿＿

檢定編號：＿＿＿＿＿＿＿　　題號 / 崗位：＿＿＿＿＿＿＿

(一) 進廠環車檢查及記錄

說明：1. 應檢人依進廠環車檢查表逐項檢查，填寫檢查結果。

2. 進廠環車檢查以實車現況為主，若無附屬配備者，需於檢查結果欄勾選「無」，不得空白。

3. 進廠環車檢查之檢查結果填寫正確該項才予計分，設置項目有 2 項， 勾選錯誤則每項扣 2 分。

4. 需註明單位而未註明者不予計分，未完成之工作不得填寫且不予計分。

進廠環車檢查表

檢查項目 ＼ 結果	檢查結果 (勾選該項目有無、填寫數字、位置)		評審結果 (監評填寫)		備註
			合格	不合格	
1. 煙蒂盒	□有	□無			
2. 音響	□有	□無			
3. 駕駛座腳踏墊	□有	□無			
4. 提醒車主貴重物品請帶走	□有	□無			
5. 輪胎氣嘴螺帽	□齊全	□短少(　輪)			
6. 車外側後視鏡	□無刮傷	□有刮傷(　側)			
7. 座椅	□無破損	□有破損(　側)			
8. 備胎	□有	□無			
9. 頭枕	□齊全	□短少(　側)			
10. 車身外觀(含保桿) 若勾選「有損傷」，請於右方圖示中，以"X"表示損傷位置。	□無損傷　　□有損傷				
里程數	＿＿＿＿＿＿＿＿＿				
油量錶位置(請勾選)	約□F　□3/4　□1/2　□1/4　□E				

車主確認欄位簽名：＿＿＿＿＿＿(環車檢查後，立即請監評人員簽名，否則不予計分)

設置項目：(由監評人員於應檢人檢定結束後填入)

設置項目 1.＿＿＿＿＿＿＿＿　　設置項目 2.＿＿＿＿＿＿＿＿

伍、汽車修護乙級技術士技能檢定術科測試試題

第 5 站　全車綜合檢修　　　　**答案紙(二)**　　　　**(發應檢人)(第 2 頁共 4 頁)**

姓　　名：＿＿＿＿＿＿＿　　檢定日期：＿＿＿＿＿＿＿　　監評人員簽名：＿＿＿＿＿＿

檢定編號：＿＿＿＿＿＿＿　　題號／崗位：＿＿＿＿＿＿＿

(二) 全車檢修及記錄：

說明：1. 應檢人依指定之檢修項目實施檢查、調整、更換等作業，如檢查結果正常者在正常欄打「✓」，不正常者在不正常欄打「✓」。

2. 檢查結果不正常項目，請於不正常狀況欄填寫其故障原因（例：雨刷不作動是故障現象，雨刷保險絲燒毀是故障原因，如填寫「雨刷不作動」則不予計分），並將故障排除。

3. 處理方式以英文：I-檢查、R-更換、A-調整、T-鎖緊、C-清潔等代號填答。

4. 全車檢修表之檢查結果打「✓」欄雖正確，但不正常狀況故障原因不正確，該項不予計分；不正常狀況處理方式不正確，該項不予計分。

註 故障檢修時各系統單一故障可能會造成多重故障碼顯示，仍須視為同一個故障項目。

5. 設置故障 2 項，若非屬設置之故障或缺失，監評人員應於應試前告知應檢人，填寫錯誤則每項扣 2 分。

6. 未完成之工作不得填寫且不予計分。

伍、汽車修護乙級技術士技能檢定術科測試試題

第 5 站　全車綜合檢修　　　　　答案紙(二)　　　　　(發應檢人)(第 3 頁共 4 頁)

姓　　名：＿＿＿＿＿＿＿　檢定日期：＿＿＿＿＿＿＿　監評人員簽名：＿＿＿＿＿＿

檢定編號：＿＿＿＿＿＿＿　題號／崗位：＿＿＿＿＿＿＿

全車檢修表

檢修項目 (監評人員依試題說明勾選 10 項)	檢修結果 (應檢人填寫)				評審結果 (監評人員填寫)			
	正常	不正常	不正常狀況		故障原因		處理方式	
	以 ✓ 勾選		故障原因	處理方式	合格	不合格	合格	不合格
1.引擎機油								
2.空氣芯								
3.發電機及壓縮機皮帶								
4.電子節氣門								
5.點火正時								
6.引擎怠速								
7.HC、CO 濃度								
8.冷卻液量、水管及接頭								
9.燃油系統 (油箱、管路和接頭和燃油箱加油管蓋)								
10.蒸發油氣排放控制系統								
11.煞車油量、煞車管路								
12.手煞車作用情形								
13.(　)輪之煞車來令片								
14.煞車作用情形								
15.動力轉向油量與始動力								
16.轉向機、連桿、球接頭								
17.避震器作用情形								
18.自動變速箱油量								
19.驅動軸防塵套								
20.指定(　)輪軸承端間隙								
21.指定(　)輪胎紋及胎壓								
22.指定(　)輪輪胎輪圈型式								
23.車身外部燈光								
24.儀錶及喇叭作用								
25.雨刷及噴水作用								
26.冷氣系統作動 (壓縮機、鼓風機、冷卻風扇)								
27.電動窗作用								

故障設置項目：(由監評人員於應檢人檢定結束後填入)

檢修項目 1.＿＿＿＿＿＿＿＿＿　檢修項目 2.＿＿＿＿＿＿＿＿＿

伍、汽車修護乙級技術士技能檢定術科測試試題

第 5 站　全車綜合檢修　　　　　　答案紙(發應檢人)　　　　　　(第 4 頁共 4 頁)

姓　　名：＿＿＿＿＿＿　　檢定日期：＿＿＿＿＿＿　　監評人員簽名：＿＿＿＿＿＿

檢定編號：＿＿＿＿＿＿　　題號／崗位：＿＿＿＿＿＿

(三) 領料單

說明：1. 應檢人應依據故障情況必須先填妥領料單後，向監評人員要求領取所要更換之零件或總成(監評人員確認領料單填妥後，決定是否提供應檢人零件或總成)。

　　　2. 應檢人填寫領料單後，要求更換零件或總成，若要求更換之零件或總成錯誤(應記錄於評審結果欄)，每項次扣 2 分。

　　　3. 領料機會最多 5 項次。

項次	零件名稱(應檢人填寫)	數量(應檢人填寫)	評審結果(監評人員填寫)
1			□　正　確 □　錯　誤
2			□　正　確 □　錯　誤
3			□　正　確 □　錯　誤
4			□　正　確 □　錯　誤
5			□　正　確 □　錯　誤

伍、汽車修護乙級技術士技能檢定術科測試試題

(發監評人員)

一、題目：全車綜合檢修

二、說明：

(一) 監評人員請先閱讀應檢人試題說明，並要求應檢人應檢前先閱讀試題，並依試題說明操作。

(二) 請先檢查工具、儀器、設備及相關修護(使用)手冊是否齊全，若設置之故障或檢查項目有使用到專用診斷測試器時，監評人員必須於應檢人應檢前事先接好，並確認可讀取功能正常。

(三) 應檢人進廠時依「進廠環車檢查表」項目完成委修前全車內外完整性檢查與核對工作，同時使用提供之工具、儀器(含專用診斷測試器、使用手冊)、修護手冊及電路圖，由應檢人依「全車檢修記錄表」指定之項目，檢查汽車各部是否正常。

(四)本站共設有 5 個應檢工作崗位(內含一個備用)，**監評人員依檢定現場設備狀況並考量 30 分鐘應檢時間限制，依監評協調會抽出之故障群組組別，選擇適當之故障設置。**

(五) 本站進廠環車檢查設有 2 項缺失項，應檢前由監評人員依故障群組先行設置，告知應檢人填寫缺失項，須請監評人員當場確認，否則不予計分；設置缺失 2 項檢查結果，如勾選錯誤 2 項(含)以上則不予計分，若非屬設置之缺失，監評人員應於應試前告知應檢人。

(六) 本站全車檢修作業監評人員於「全車檢修紀錄表」中檢修項目欄勾選 10 項檢查作業，除故障設置群組中標記※號之 5 項為必檢查作業項目外，監評人員可依檢定車輛實際狀況，於檢定前依選定之群組，另勾選出任 5 項檢查作業項目，並於 10 項檢查作業項中設 2 項故障，故障項目應分佈於各系統，以不集中於同一系統為原則，以供應檢人檢修，惟得依檢定現況隨時於同一群組中更改檢修項目。處理方式以英文：I-檢查、R-更換、A-調整、T-鎖緊、C-清潔等代號填答。

(七) 規定測試時間結束或提前完成工作，應檢人須將已經完成之進廠環車檢查(委修前全車完整性檢查與核對)項目及全車檢修記錄表指定項目之判斷、故障現象與處理方式填寫於答案紙上。

註 1. 設置故障時，請按故障內容依原廠之故障碼內容設置故障；故障設置前，須先確認設備正常無誤後，再設置故障。

2. 故障檢修時單一故障可能會造成多重故障碼顯示，仍須視為同一個故障項目。

3. 未完成之檢查項目不得填寫於答案紙上。

伍、汽車修護乙級技術士技能檢定術科測試試題

缺件設置群組

進廠環車檢查項目：

群組檢查項目	群組一	群組二	群組三	模組四
1. 煙蒂盒未裝設	✓	✓	✓	
2. 音響未裝設	✓		✓	✓
3. 駕駛座無腳踏墊		✓		✓
4. 貴重物品(現金)		✓		✓
5. 電子鐘	✓	✓		✓
6. 任一輪鋼圈護蓋破損或未裝	✓		✓	
7. 任一輪輪胎氣嘴螺帽未裝			✓	✓
8. 任一側車外後視鏡破裂	✓	✓		
9. 任一保險桿漆面刮傷	✓	✓		✓
10. 任一葉子板表面有凹痕或刮傷	✓			✓
11. 任一車門表面有凹痕或刮傷		✓	✓	
12. 任一頭枕遺失	✓		✓	
13. 備胎／固定螺絲遺失		✓	✓	✓

全車檢修項目

檢修項目	處理方式	群組一	群組二	群組三	群組四
1. 引擎機油異常	I、R	✓			✓
2. 空氣芯髒污阻塞	I、C、R		✓		✓
3. 發電機及壓縮機皮帶異常	I、R、A	✓		✓	
4. 電子節氣門、可變汽門故障	I/A		✓		✓
5. 點火正時異常	I/A	✓		✓	
6. 引擎怠速異常	I/A	※			✓
7. HC、CO 濃度異常	I、R	※	※	※	※
8. 冷卻液量異常、水管及接頭故障	I、R	✓	✓	✓	✓
9. 燃油系統(油箱、管路和接頭和燃油箱加油管蓋)故障	I、R		✓	✓	
10. 蒸發油氣排放控制系統故障	I、R		✓		※
11. 煞車油量、煞車管路異常	I、R	✓			
12. 手煞車作用情形異常	I、R		✓		
13. 煞車來令片異常	I、A			✓	
14. 煞車作用故障	I、A	※	※	※	※
15. 動力轉向油量與始動力異常	I、A	✓	※		
16. 轉向機、連桿、球接頭故障	I、R		✓		

	檢修項目	處理方式	群組一	群組二	群組三	群組四
17.	避震器作用情形異常	I、R			✓	
18.	自動變速箱油量異常	I、R				✓
19.	防塵套束環脫落	I、R	✓			
20.	指定輪之軸承端間隙異常	I、A		✓		✓
21.	指定輪之胎紋及胎壓異常	I	✓	✓	✓	✓
22.	指定輪之輪胎輪圈型式異常	I、A	✓	✓	✓	✓
23.	車身外部燈光異常或故障	I、R	※	※	※	※
24.	儀錶及喇叭作用異常或故障	I、A	※	※		※
25.	雨刷及噴水作用異常或故障	I、A		✓	※	✓
26.	冷氣系統作動(壓縮機、鼓風機、冷卻風扇)異常或故障	I、R			※	
27.	電動窗線路或接頭故障	I、R				

三、評審要點：

(一) 操作測試限時 30 分鐘，時間終了未完成者，應即令應檢人停止操作，並依已完成的工作技能項目評分，未完成的部分不給分；若經制止不聽仍繼續操作者，則該站不予計分。

(二) 依評審表中所列工作技能項目逐一評分，完成之項目則給全部配分，未完成則給零分。

(三) 評審表中作業程序、工作安全與態度之評分採扣分方式，各項(除更換錯誤零件外)依應檢人實際操作情形逐一扣分，並於備註欄內記錄事實。

伍、汽車修護乙級技術士技能檢定術科測試試題

第 5 站　全車綜合檢修　　　　　　評審表（發應檢人、發監評人員）

姓　　名：＿＿＿＿＿＿＿＿　　檢定日期：＿＿＿＿＿＿＿＿＿

檢定編號：＿＿＿＿＿＿＿　　監評人員簽名：＿＿＿＿＿＿＿

得分：

評　審　項　目	配 分	得 分	備　註
操 作 測 試 時 間　限時 30 分鐘。			
一、工作技能 1. 正確填寫進廠環車檢查表(設置項目 1)	2	（　）	依答案紙(一)
2. 正確填寫進廠環車檢查表(設置項目 2)	2	（　）	依答案紙(一)
3. 完成所有環車檢查項目	2	（　）	
4. 環車檢查完成後，立即請車主簽名	1	（　）	依答案紙(一)
5. 正確依全車檢修程序檢查、測試及判斷故障，並正確填寫故障原因(檢修項目 1)	4	（　）	依答案紙(二)及操作過程
6. 正確依工作程序調整或更換故障零件，並正確填寫處理方式(檢修項目 1)	4	（　）	依答案紙(二)及操作過程
7. 正確依全車檢修程序檢查、測試及判斷故障，並正確填寫故障原因(檢修項目 2)	4	（　）	依答案紙(二)及操作過程
8. 正確依工作程序調整或更換故障零件，並正確填寫處理方式(檢修項目 2)	4	（　）	依答案紙(二)及操作過程
9. 全車檢修工作全部完成且系統作用正常	2	（　）	
二、作業程序及工作安全與態度(本部分採扣分方式) 1. 更換錯誤零件	每項次扣 2	（　）	依答案紙(三)
2. 非屬設置之環車檢查項目、全車檢修項目錯誤(含答案填寫及操作)	每項次扣 2	（　）	
3. 環車檢查時使用葉子板護套或未使用方向盤護套、座椅護套、腳踏墊、排檔桿護套等，違者每項扣 1 分，最多扣 5 分。	扣1～5	（　）	
4. 全車檢修時未使用葉子板護套、方向盤護套、座椅護套、腳踏墊、排檔桿護套等，違者每項扣 1 分，最多扣 5 分。	扣1～5	（　）	依答案紙(一)(二)及操作過程進行扣分並記錄事實
5. 工作中必須維持良好習慣(例：場地整潔、工具儀器不得置於地上等)，違者每次扣 1 分，最多扣 5 分。	扣1～5	（　）	
6. 使用後工具、儀器及護套必須歸定位，違者每件扣 1 分，最多扣 5 分。	扣1～5	（　）	
7. 有不安全動作或損壞工作物(含起動馬達操作)，違者每次扣 1 分，最多扣 5 分。	扣1～5	（　）	
8. 不得穿著汗衫、短褲或拖、涼鞋等，違者每項扣 1 分，最多扣 3 分。	扣1～3	（　）	
合　　計	25	（　）	

第一台 環車檢查(以 Nissan seitra 180 為例)

範例一：煙蒂盒檢查(以 Nissan seitra 180 為例)

1. 步驟：檢查音響下面(有無菸蒂盒)
2. 故障情形：(無點菸盒)或菸灰盒腳座斷裂損壞

範例二：音響檢查(以 Nissan seitra 180 為例)

1. 步驟：(先開紅火)在打開(音響有無作用)(有無顯示顯示)(可否轉台)
2. 故障情形：(無作用)(不可轉台)

範例三：駕駛側腳踏墊檢查(以 Nissan seitra 180 為例)

1. 步驟：開車門檢查(駕駛側有無腳踏墊)(有無破損)
2. 故障情形：(無腳踏墊)(破損)

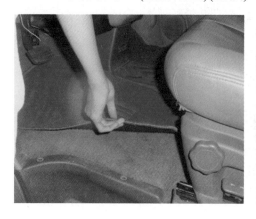 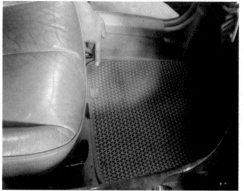

第一台 環車檢查(以 Nissan seitra 180 為例)

範例四：貴重物品(現金)檢查(以 Nissan seitra 180 為例)

    1. 步驟：檢查車內(有無現金)(貴重物品)

    2. 故障情形：(現金)(貴重物品)

範例五：電子鐘檢查(以 Nissan seitra 180 為例)

    1. 步驟：(先開紅火)檢查(電子鐘有無顯示)

    2. 故障情形：(電子鐘無顯示)

範例六：任一輪鋼圈護蓋檢查(以 Nissan seitra 180 為例)

    1. 步驟：看到四輪(是否有護蓋)再看(有無破損)(形式)(未裝)

    2. 故障情形：(護蓋破損)(刮傷)(形式不一樣)(未裝)

範例七：任一輪輪胎氣嘴螺帽檢查(以 Nissan seitra 180 爲例)
    1. 步驟：檢查四個輪胎(是否有汽嘴螺帽)
    2. 故障情形：(無氣嘴螺帽)

範例八：任一側車外後視鏡檢查(以 Nissan seitra 180 爲例)
    1. 步驟：此車爲自動式、開紅火按下開關檢查是否有作用(檢查鏡面有無破損)
    2. 故障情形：(無作用)(鏡面破損)

範例九：任一保險桿檢查(以 Nissan seitra 180 爲例)
    1. 步驟：檢查外表(是否破損)(是否刮傷)
    2. 故障情形：(外表破損)(外表刮傷)

註 此項目須注意該車為鋁圈，所以勾選無輪圈蓋。但是勾選正常，反之考試車若有輪圈外蓋型式，則勾選無輪圈外蓋為不正常。

範例十：車身外觀表面損傷檢查(以 Nissan seitra 180 為例)

1. 檢查(4 個車門表面)(有無刮傷凹痕)
2. 任一車門有(刮傷)(凹痕)
3. 檢查葉子板表面(有無刮傷)(凹痕)
4. 故障情形：(表面刮傷)(凹痕)

範例十一、十二：頭枕與座椅檢查(以 Nissan seitra 180 為例)

1. 步驟：檢查(所有座位有無頭枕)(損壞)(可否調整)
2. 故障情形：(無頭枕)(損壞)(不可調整)
3. 檢查座椅：(是否皮質破裂)(刮傷)(缺損)
4. 故障情形：(破裂)(刮傷)(缺損)

範例十三：備胎／固定螺絲檢查(以 Nissan seitra 180 為例)

1. 步驟：檢查(有無備胎)(損壞)(有無固定螺絲)
2. 障情形：(無備胎)(損壞)(無固定螺絲)

第一台 全車檢修(以 Nissan sentra 180 為例)

範例一：引擎機油檢查(以 Nissan sentra 180 為例)

1. 步驟：(發動車子到達規範溫度)機油量到達指定之標準(標準於兩條線之間)
2. 備註：油尺須直上直下
3. 故障情形：機油量(不足)(過多)

範例二：空氣芯檢查(以 Nissan sentra 180 為例)

1. 步驟：檢查(外觀是否損壞過度髒)(汙空氣芯有無破洞形式符合)
2. 故障情形：(外觀破損)(空氣芯破洞)(形式不符)(過度髒汙)

範例三：發電機及壓縮機皮帶檢查(以 Nissan sentra 180 為例)

1. 步驟：用燈照皮帶(檢查是否龜裂)(按壓皮帶鬆緊度符合規定)
   (檢查儀表板電瓶燈是否有亮起)
2. 故障情形：(皮帶龜裂)(鬆緊渡過鬆)(電瓶燈亮起)

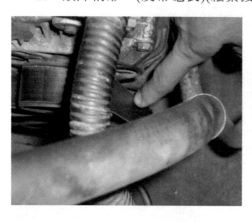 

範例四：電子節氣門／可變氣門檢查(以 Nissan sentra 180 為例)

1. 步驟：接到電腦然後查看數據看作動是否正常(由左至右看下)

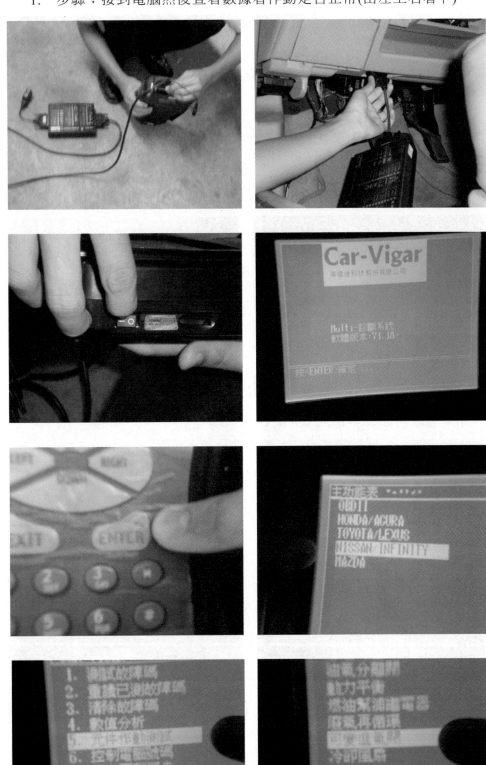

範例五：點火正時檢查(以 Nissan sentra 180 為例)

    1. 步驟：接到電腦然後查看數據看是否正常

範例六：引擎怠速檢查(以 Nissan sentra 180 為例)

    1. 步驟：接到電腦然後查看數據看是否正常

範例七：HC，CO 濃度檢查(以 Nissan sentra 180 為例)

    1. 步驟：接到廢氣分析儀，然後查看數據看是否正常

    2. 故障情形：對照標準值是否正常

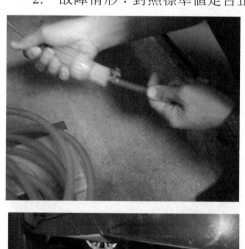
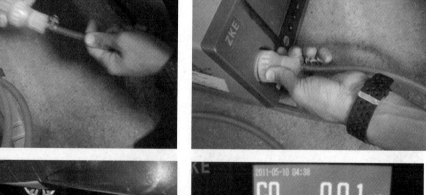
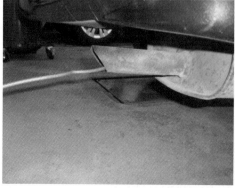
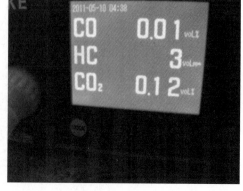

範例八：冷卻液量異常／水管／接頭檢查(以 Nissan sentra 180 為例)

　　1. 步驟：檢查(水位是否到達上限)水管(是否有龜裂)(破損漏水)

　　2. 故障情形：水管及接頭(龜裂)(破損)(漏水)水位(過多或過少)

範例九：燃油系統檢查(以 Nissan sentra 180 為例)

　　1. 步驟：檢查油箱／管路和接頭和燃油箱加油管蓋是否有(漏油管路)(是否有龜裂)燃油箱加油(管蓋是否有鎖緊)

　　2. 故障情形：(管路龜裂)(漏油)(油箱蓋未鎖緊)

範例十：蒸發油氣排放控制系統檢查(以 Nissan sentra 180 為例)

　　1. 步驟：接到電腦然後查看數據看是否正常

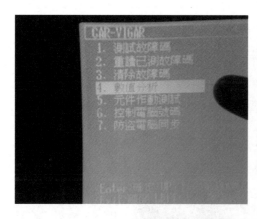
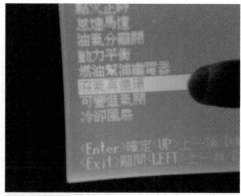

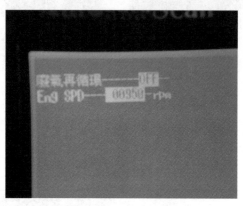

範例十一：煞車油，煞車管路檢查(以 Nissan sentra 180 為例)

1. 步驟：檢查煞車油量(是否有到達規定值)管路是否有(龜裂破損)
2. 故障情形：(油量未達規定)值管路有(破損)(龜裂)(漏油)

範例十二：手煞車作用情形檢查(以 Nissan sentra 180 為例)

1. 步驟：檢查手煞車(鬆緊度角度是否過高)拉起手煞車(可達至 6～9 響)
2. 故障情形：拉起手煞車聲響(低於 6 響)(高於 9 響)(角度過高)

範例十三：煞車來令片檢查(以 Nissan sentra 180 為例)

　　　　1.　步驟：先升起車子重側面查看指定輪來令片(厚度是否符合規定值)

　　　　2.　故障情形：指定輪煞車來令片(厚度不符合規定值)

 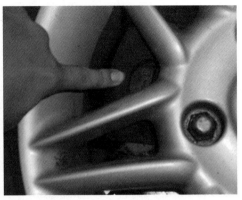

範例十四：煞車作用檢查(以 Nissan sentra 180 為例)

　　　　1.　步驟：微頂車輛離開地面踩下煞車踏板(查看煞車有無壓力)

　　　　2.　故障情形：(踩下踏板後無壓力)(四輪或是其中一至四輪尚能轉動)

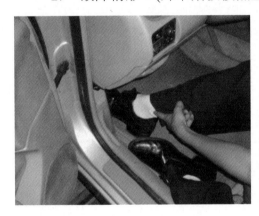 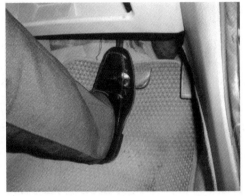

範例十五：動力轉向油與始動力檢查(以 Nissan sentra 180 為例)

　　　　1.　步驟：檢查動力轉向(油量是否有到達規定值)是否有(漏油)管路是否有(破損)

　　　　2.　故障情形：(油量未達規定值)管路(破損龜裂漏油)

範例十六：轉向機連桿球接頭檢查(以 Nissan sentra 180 為例)
1. 步驟：檢查球接頭(是否破裂)連桿(是否彎曲)間隙(是否過大小)
2. 故障情形(破裂)(彎曲)間隙(過大過小)

範例十七：避震器作用檢查(以 Nissan sentra 180 為例)
1. 步驟：檢查前後(避震器是否漏油)
2. 故障情形：避震器漏油

範例十八：自動變速箱油量檢查(以 Nissan sentra 180 為例)
1. 步驟：發動車子到達規範溫度機油量到達指定之標準
2. 每個檔位排過一次再排回到 P 檔
3. 備註：油尺須直上直下
4. 故障情形：油量過多過少

範例十九：驅動軸防塵套檢查(以 Nissan sentra 180 為例)

1. 步驟：檢查防塵套有無(破損)
2. 故障情形：防塵套(破損)

範例二十：指定輪之軸承端間隙檢查(以 Nissan sentra 180 為例)

1. 步故障情形：搖擺車輪查看(間隙是否過大過小)
2. 故障情形：(間隙是否過大或過小)

範例二十一：指定輪胎之胎紋及胎壓檢查(以 Nissan sentra 180 為例)

1. 步驟：首先用(胎壓器)測量(胎壓是否符合規定值)再檢查胎紋(是否過度磨損)
2. 故障情形：(胎壓過低)(胎紋過度磨損)

範例二十二：指定輪之輪胎輪圈形式檢查(以 Nissan sentra 180 為例)

    1.　步驟：檢查指定輪胎(輪圈型式)是否一樣(有無廠徽)

    2.　故障情形：(型式不一樣)(無廠徽)

註　若此車同時四輪皆無任何廠徽或是標識，則不能視為故障，應視為正常。

範例二十三：**車身外部燈光檢查**(以 Nissan sentra 180 為例)

    1.　步驟：全車外部燈光檢查是否(可作用)

    2.　故障情形：其一外部燈光不亮即判定本項故障

範例二十四：儀表板及喇叭作用**檢查**(以 Nissan sentra 180 為例)

1. 步驟：檢查(儀表板功能是否有作用)(喇叭有無作用)
2. 故障情形：(儀表板無作用)(喇叭無作用)

範例二十五：雨刷及噴水作用**檢查**(以 Nissan sentra 180 為例)

1. 步驟：按下雨刷鈕及噴水鈕是否有作用
2. 故障情形：雨刷擺動無作用、不噴水

第二台 環車檢查(以 TOYOTA altis 1.8 為例)

範例一：煙蒂盒檢查(以 TOYOTA altis 1.8 為例)

1. 步驟：檢查音響下面(有無菸蒂盒)
2. 故障情形：(無點菸盒)

範例二：音響檢查(以 TOYOTA altis 1.8 為例)

1. 步驟：打開鑰匙開關到 ON 位置，再打開(音響有無作用)(有無顯示顯示)(可否轉台)
2. 故障情形：(無作用)(不可轉台)

範例三：駕駛側無腳踏墊檢查(以 TOYOTA altis 1.8 為例)

1. 步驟：開車門檢查(駕駛側有無腳踏墊)(有無破損)
2. 故障情形：(無腳踏墊)(破損)

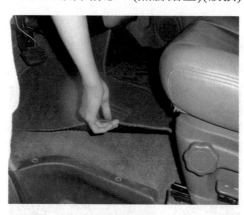
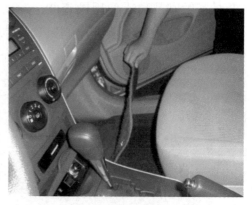

範例四：貴重物品(現金)檢查(以 TOYOTA altis 1.8 為例)
1. 步驟：檢查車內(有無現金)(貴重物品)
2. 故障情形：(現金)(貴重物品)

範例五：電子鐘檢查(以 TOYOTA altis 1.8 為例)
1. 步驟：(打開鑰匙開關到 ON 位置)檢查(電子鐘有無顯示)
2. 故障情形：(電子鐘無顯示)

範例六：任一輪鋼圈護蓋檢查(以 TOYOTA altis 1.8 為例)
1. 步驟：看到四輪(是否有護蓋)再看(有無破損)(形式)
2. 故障情形：(護蓋破損)(刮傷)(形式不一樣)或未裝

範例七：任一輪輪胎氣嘴螺帽檢查(以 TOYOTA altis 1.8 為例)

    1.　步驟：檢查四個輪胎(是否有汽嘴螺帽)

    2.　故障情形：(無氣嘴螺帽)(未裝)

範例八：任一側車外後視鏡檢查(以 TOYOTA altis 1.8 為例)

    1.　步驟：(檢查鏡面有無破損)

    2.　故障情形：(無作用)(鏡面破損)(破裂)

範例九：任一保險桿漆面檢查(以 TOYOTA altis 1.8 為例)

    1.　步驟：檢查外表(是否破損)(刮傷)

    2.　故障情形：(外表破損)(刮傷)

 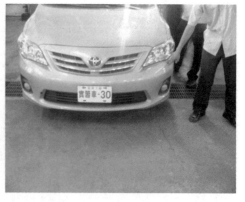

範例十：車身外觀表面檢查(以 TOYOTA altis 1.8 為例)

    1. 檢查車身外觀(有無破損)

    2. 故障情形：(有刮傷破損)

範例十一：任一葉子板表面有凹痕檢查(以 TOYOTA altis 1.8 為例)

    1. 檢查葉子板表面(有無刮傷)(凹痕)

    2. 故障情形：(表面刮傷)(凹痕)

範例十二：任一車門表面檢查(以 TOYOTA altis 1.8 為例)

    1. 檢查(4 個車門表面)(有無刮傷凹痕)

    2. 故障情：形任一車門有(刮傷)(凹痕)

範例十三：任一頭枕檢查(以 TOYOTA altis 1.8 為例)

　　1.　步驟：檢查(有無頭枕)(損壞)(可否調整)(未裝)

　　2.　故障情形：(無頭枕)(損壞)(不可調整)(遺失)

範例十四：備胎檢查(以 TOYOTA altis 1.8 為例)

　　1.　步驟：檢查(有無備胎)(固定螺絲)

　　2.　故障情形：(無備胎)(無固定螺絲)

 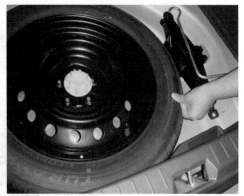

第二台 全車檢修(以 TOYOTA altis1.8 為例)

範例一：引擎機油檢查(以 TOYOTA altis1.8 為例)

　　1.　步驟：(發動車子到達規範溫度)機油量到達指定之標準(標準於兩條線之間)

　　2.　備註：油尺須直上直下

　　3.　故障情形：機油量(不足)(過多)

範例二：空氣芯檢查(以 TOYOTA altis1.8 為例)

    1. 步驟：檢查(外觀是否損壞過度髒)(汙空氣芯有無破洞形式符合)

    2. 故障情形：(外觀破損)(空氣芯破洞)(形式不符)(過度髒汙)

範例三：發電機及壓縮機皮帶檢查(以 TOYOTA altis1.8 為例)

    1. 步驟：用燈照皮帶(檢查是否龜裂)(按壓皮帶鬆緊度符合規定)
        (檢查儀表板電瓶燈是否有亮起)

    2. 故障情形：(皮帶龜裂)(鬆緊渡過鬆)(電瓶燈亮起)

範例四：電子節氣門／可變氣門檢查(以 TOYOTA altis1.8 為例)

    1. 步驟：接到電腦然後查看數據看作動是否正常(由左至右看下)
        PS：此連接電腦的動作可要求助手完成，直接到診斷數據畫面

① 首先，點選車
輛診斷

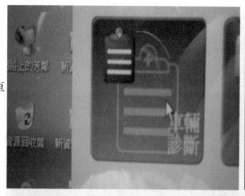

② 進入後，選擇
日判斷是否正
常本判斷是否
正常車輛車型

③ 選擇豐田車
判斷是否正
常種

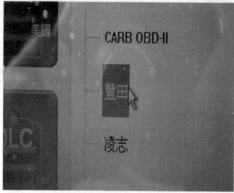

④ 再選擇 AL 判
斷 是 否 正 常
TIS

⑤ 進入判斷是
否正常畫面
後選擇引擎
與變速箱之
選項

⑥ 再選判斷是否
正常擇 16PIN
連接碰的型式

⑦ 點選進入汽
車使用燃動
類

⑧ 進入後電腦診
斷連接

⑨ 到感知器畫
面選擇引擎
控制

⑩ 選擇節汽門位
置 ， 視 其 數
據，判斷是否
正常

範例五：點火正時檢查(以 TOYOTA altis1.8 為例)

    1. 步驟：接到電腦然後查看數據看是否正常

SENSOR DATA ITEM	VALUE	UNIT	MIN
FT #1	-5.46	%	-5.5
FUEL SYSTEM STATUS #1	CL		
FUEL SYSTEM STATUS #2	UN USED		
點火參考	5.0	DEG	-3.0
IDLE SPARK ADVN CTRL#1	1.00	°CA	1.0
IDLE SPARK ADVN CTRL#2	1.00	°CA	1.0
IDLE SPARK ADVN CTRL#3	1.00	°CA	1.0
IDLE SPARK ADVN CTRL#4	0.00	°CA	0.0
VVT ADVANCE FAIL	OFF		

範例六：引擎怠速檢查(以 TOYOTA altis1.8 為例)

    1. 步驟：接到電腦然後查看數據看是否正常

SENSOR DATA ITEM	VALUE	UNIT	MIN
車輛速度	0	km/h	0.0
引擎轉速	899	rpm	742.0
計算負載	42.0	%	38.0
MAF	4.09	gm/s	1.8
冷卻溫度	89	°C	88.0
進氣空氣	55	°C	52.0
ACCELERATOR POSITION	0.0	%	0.0
節流閥位置	0.00	DEG	

範例七：HC，CO 濃度檢查(以 TOYOTA altis1.8 為例)

    1. 步驟：接到廢氣分析儀，然後查看數據看是否正常

    2. 故障情形：對照標準值是否正常

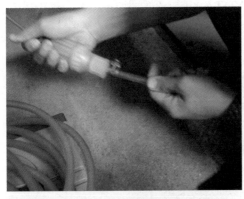
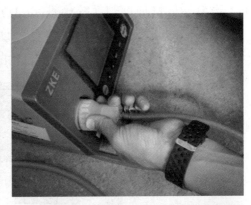
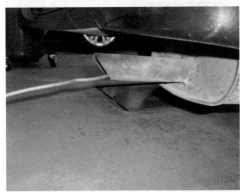
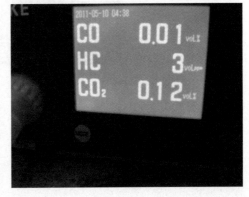

範例八：冷卻液量異常／水管／接頭檢查(以 TOYOTA altis1.8 為例)
    1. 步驟：檢查(水位是否到達上限)水管(是否有龜裂)(破損漏水)
    2. 故障情形：水管及接頭(龜裂)(破損)(漏水)水位(過多或過少)

 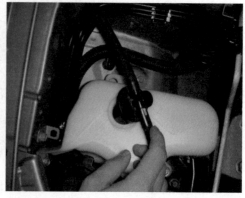

範例九：燃油系統(油箱／管路和接頭和燃油箱加油管蓋)檢查(以 TOYOTA altis1.8 為例)
    1. 步驟：檢查是否有(漏油管路)(是否有龜裂)燃油箱加油(管蓋是否有鎖緊)
    2. 故障情形：(管路龜裂)(漏油)(油箱蓋未鎖緊)

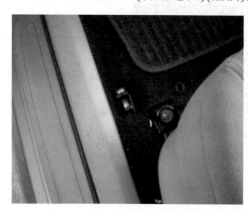 

範例十：蒸發油氣排放控制系統檢查(以 TOYOTA altis1.8 為例)
    1. 步驟：接到電腦然後查看數據看是否正常
        PS：連接電腦的動作，可要求助手協助進入

SENSOR DATA ITEM	VALUE	UNIT	
EVAP (PURGE) VSV	30.2	%	
蒸發器淨化流動	5.0	%	
PURGE DENSITY LRN VAL	0.678		
AF LAMBDA B1S1	1.004		
LTAGE B1S1	3.292	V	
HEATER DUTY #1	48.4	%	
O2S B1S2	0.740	V	
	NOT ACTIVE		

範例十一：煞車油，煞車管路檢查(以 TOYOTA altis1.8 為例)

　　1. 步驟：檢查煞車油量(是否有到達規定值)管路是否有(龜裂破損)

　　2. 故障情形：(油量未達規定)值管路有(破損)(龜裂)(漏油)

範例十二：手煞車作用情形檢查(以 TOYOTA altis1.8 為例)

　　1. 步驟：檢查手煞車(鬆緊度角度是否過高)拉起手煞車(可達至 6～9 響)

　　2. 故障情形：拉起手煞車聲響(低於 6 響)(高於 9 響)(角度過高)

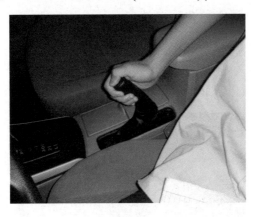

範例十三：煞車來令片檢查(以 TOYOTA altis1.8 為例)

　　1. 步驟：先升起車子重側面查看指定輪來令片(厚度是否符合規定值)

　　2. 故障情形：指定輪煞車來令片(厚度不符合規定值)

範例十四：煞車作用檢查(以 TOYOTA altis1.8 為例)
1. 步驟：踩下煞車踏板(查看煞車有無壓力)
2. 故障情形：(踩下踏板後無壓力)(或是卡住不動)

範例十五：動力轉向油與始動力檢查(以 TOYOTA altis1.8 為例)
1. 步驟：檢查動力轉向(油量是否有到達規定值)是否有(漏油)管路是否有(破損)
2. 故障情形：(油量未達規定值)管路(破損龜裂漏油)
注意此型式車輛無動力轉向油壺

範例十六：轉向機連桿球接頭檢查(以 TOYOTA altis1.8 為例)
1. 步驟：檢查球接頭(是否破裂)連桿(是否彎曲)間隙(是否過大小)
2. 故障情形(破裂)(彎曲)間隙(過大過小)

範例十七：避震器作用情形檢查(以 TOYOTA altis1.8 為例)
1. 步驟：檢查前後(避震器是否漏油)
2. 故障情形：避震器漏油

範例十八：自動變速箱油量檢查(以 TOYOTA altis1.8 為例)

    1.   步驟：發動車子到達規範溫度機油量到達指定之標準

    2.   每個檔位排過一次再排回到 P 檔

    3.   備註：油尺須直上直下

    4.   故障情形：油量過多過少

範例十九：驅動軸防塵套檢查(以 TOYOTA altis1.8 為例)

    1.   步驟：檢查防塵套有無(破損)

    2.   故障情形：防塵套(破損)

範例二十：指定輪之軸承端間隙檢查(以 TOYOTA altis1.8 為例)

    1.   步故障情形：搖擺車輪查看(間隙是否過大過小)

    2.   故障情形：(間隙是否過大或過小)

範例二十一：指定輪胎胎紋及胎壓檢查(以 TOYOTA altis1.8 為例)

1. 步驟：首先用(胎壓器)測量(胎壓是否符合規定值)再檢查胎紋(是否過度磨損)

2. 故障情形：(胎壓過低)(胎紋過度磨損)

範例二十二：指定輪之輪胎輪圈形式檢查(以 TOYOTA altis1.8 為例)

1. 步驟：檢查指定輪胎(輪圈型式)是否一樣(有無廠徽)

2. 故障情形：(型式不一樣)(無廠徽)

範例二十三：全車燈光檢查(以 TOYOTA altis1.8 為例)

1. 步驟：全車燈光檢查是否(有短路不亮現象)

2. 故障情形：(其一燈光不亮)

术 科 解 析 1-219

範例二十四：儀表板及喇叭作用檢查(以 TOYOTA altis1.8 為例)
    1. 步驟：檢查(儀表板功能是否有作用)(喇叭有無作用)
    2. 故障情形：(儀表板無作用)(喇叭無作用)

範例二十五：雨刷及噴水作用檢查(以 TOYOTA altis1.8 為例)
    1. 步驟：按下雨刷鈕及噴水鈕是否有作用
    2. 故障情形：雨刷及噴水無作用

第三台 環車檢查(以 TOYOTA Innova2.7 為例)

範例一：煙蒂盒檢查(以 TOYOTA Innova2.7 為例)
    1. 步驟：檢查音響下面(有無菸蒂盒)
    2. 故障情形：(無點菸盒)

範例二：音響檢查(以 TOYOTA Innova2.7 為例)

    1. 步驟：將鑰匙開關開在 ON 位置，再打開(音響有無作用)(有無顯示)(可否轉台)

    2. 故障情形：(無作用)(不可轉台)

範例三：駕駛側無腳踏墊檢查(以 TOYOTA Innova2.7 為例)

    1. 步驟：開車門檢查(駕駛側有無腳踏墊)(有無破損)

    2. 故障情形：(無腳踏墊)(破損)

範例四：貴重物品檢查(現金)(以 TOYOTA Innova2.7 為例)

    1. 步驟：檢查車內(有無現金)(貴重物品)

    2. 故障情形：(現金)(貴重物品)

範例五：電子鐘檢查(以 TOYOTA Innova2.7 為例)

　　1. 步驟：(將鑰匙開關開在 ON 位置)檢查(電子鐘有無顯示)

　　2. 故障情形：(電子鐘無顯示)

範例六：任一輪鋼圈護蓋檢查(以 TOYOTA Innova2.7 為例)

　　1. 步驟：看到四輪(是否有護蓋)再看(有無破損)(形式)

　　2. 故障情形：(護蓋破損)(刮傷)(形式不一樣)(未裝設)

範例七：任一輪輪胎氣嘴螺帽檢查檢查 TOYOTA Innova2.7 為例)

　　1. 步驟：檢查四個輪胎(是否有汽嘴螺帽)

　　2. 故障情形：(無氣嘴螺帽)

範例八：

一、任一側車外後視鏡檢查(以 TOYOTA Innova2.7 為例)

    1. 步驟(檢查鏡面有無破損)

    2. 故障情形：(無作用)(鏡面破損)

二、任一保險桿漆面檢查(以 TOYOTA Innova2.7 為例)

    1. 步驟：檢查外表(是否破損)

    2. 故障情形：(外表破損)

三、任一葉子板表面檢查(以 TOYOTA Innova2.7 為例)

    1. 檢查葉子板表面(有無刮傷)(凹痕)

    2. 故障情形：(表面刮傷)(凹痕)

範例九:任一車門外觀表檢查(以 TOYOTA Innova2.7 為例)

    1. 檢查(4 個車門表面)(有無刮傷凹痕)

    2. 任一車門有(刮傷)(凹痕)

範例十:任一頭枕檢查(以 TOYOTA Innova2.7 為例)

    1. 步驟:檢查(有無頭枕)(損壞)(可否調整)

    2. 故障情形:(無頭枕)(損壞)(不可調整)

範例十一:備胎/固定螺絲檢查(以 TOYOTA Innova2.7 為例)

    1. 步驟:檢查(有無備胎)(固定螺絲)

    2. 故障情形:(無備胎)(固定螺絲)

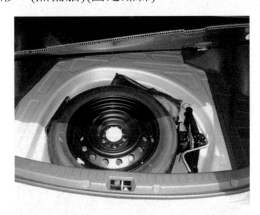

第三台 全車檢修(以 TOYOTA Innova2.7 為例)

範例一: 引擎機油檢查(以 TOYOTA Innova2.7 為例)

1. 步驟:(發動車子到達規範溫度)機油量到達指定之標準(標準於兩條線之間)
2. 備註:油尺須直上直下
3. 故障情形:機油量(不足)(過多)

範例二: 空氣芯檢查(以 TOYOTA Innova2.7 為例)

1. 步驟:檢查(外觀是否損壞過度髒)(汙空氣芯有無破洞形式符合)
2. 故障情形:(外觀破損)(空氣芯破洞)(形式不符)(過度髒汙)

範例三: 發電機及壓縮機皮帶檢查(以 TOYOTA Innova2.7 為例)

1. 步驟:用燈照皮帶(檢查是否龜裂)(按壓皮帶鬆緊度符合規定)
   (檢查儀表板電瓶燈是否有亮起)
2. 故障情形:(皮帶龜裂)(鬆緊渡過鬆)(電瓶燈亮起)

範例四：電子節氣門／可變氣門檢查(以 TOYOTA Innova2.7 為例)

    1. 步驟接到電腦然後查看數據看作動是否正常(由左至右看下)

        PS：考生可要求助手，直接進入電腦畫面判讀數據

① 首先點選
日本車系

② 進入診斷模式

③ 選擇車種
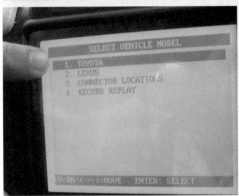

④ 選擇車型

⑤ 選擇模式

⑥ 選擇掃描診斷

範例五：點火正時檢查(以 TOYOTA Innova2.7 為例)

    1. 步驟：接到電腦然後查看數據看是否正常

範例六：引擎怠速檢查(以 TOYOTA Innova2.7 為例)

    1. 步驟：接到電腦然後查看數據看是否正常

範例七：HC，CO 濃度檢查(以 TOYOTA Innova2.7 為例)

    1. 步驟：接到廢氣分析儀，然後查看數據看是否正常

    2. 故障情形：對照標準值是否正常

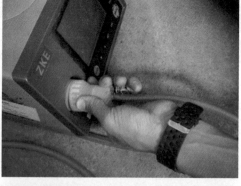

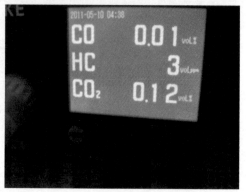

範例八：冷卻液量異常／水管／接頭檢查(以 TOYOTA Innova2.7 為例)

    1. 步驟：檢查(水位是否到達上限)水管(是否有龜裂)(破損漏水)

    2. 故障情形：水管及接頭(龜裂)(破損)(漏水)水位(過多或過少)

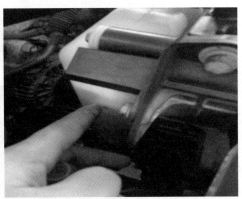

範例九：燃油系統檢查(油箱／管路和接頭和燃油箱加油管蓋)(以 TOYOTA Innova2.7 為例)

    1. 步驟：檢查是否有(漏油管路)(是否有龜裂)燃油箱加油(管蓋是否有鎖緊)

    2. 故障情形：(管路龜裂)(漏油)(油箱蓋未鎖緊)

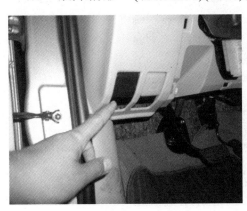

範例十：蒸發油氣排放控制系統檢查(以 TOYOTA Innova2.7 為例)

    1. 步驟：接到電腦然後查看數據看是否正常

範例十一：煞車油，煞車管路檢查(以 TOYOTA Innova2.7 為例)
1. 步驟：檢查煞車油量(是否有到達規定值)管路是否有(龜裂破損)
2. 故障情形：(油量未達規定)值管路有(破損)(龜裂)(漏油)

範例十二：手煞車作用情形檢查(以 TOYOTA Innova2.7 為例)
1. 步驟：檢查手煞車(鬆緊度角度是否過高)拉起手煞車(可達至 6～9 響)
2. 故障情形：拉起手煞車聲響(低於 6 響)(高於 9 響)(角度過高)

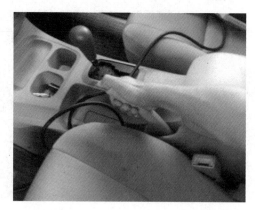

範例十三：煞車來令片檢查(以 TOYOTA Innova2.7 為例)
1. 步驟：先升起車子重側面查看指定輪來令片(厚度是否符合規定值)
2. 故障情形：指定輪煞車來令片(厚度不符合規定值)

範例十四：煞車作用檢查(以 TOYOTA Innova2.7 為例)
 1. 步驟：踩下煞車踏板(查看煞車有無壓力)
 2. 故障情形：(踩下踏板後無壓力)

範例十五：動力轉向油與始動力檢查(以 TOYOTA Innova2.7 為例)
 1. 步驟：檢查動力轉向(油量是否有到達規定值)是否有(漏油)管路是否有(破損)
 2. 故障情形：(油量未達規定值)管路(破損龜裂漏油)

範例十六：轉向機連桿球接頭檢查(以 TOYOTA Innova2.7 為例)
 1. 步驟：檢查球接頭(是否破裂)連桿(是否彎曲)間隙(是否過大小)
 2. 故障情形(破裂)(彎曲)間隙(過大過小)

範例十七：避震器作用檢查(以 TOYOTA Innova2.7 為例)

1. 步驟：檢查前後(避震器是否漏油)
2. 故障情形：避震器漏油

範例十八：自動變速箱油量檢查(以 TOYOTA Innova2.7 為例)

1. 步驟：發動車子到達規範溫度機油量到達指定之標準
2. 每個檔位排過一次再排回到 P 檔
3. 備註：油尺須直上直下
4. 故障情形：油量過多過少

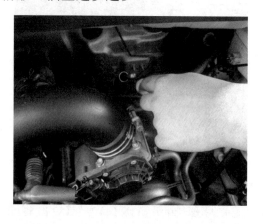

範例十九：驅動軸防塵套破損檢查(以 TOYOTA Innova2.7 為例)

1. 步驟：檢查防塵套有無(破損)
2. 故障情形：防塵套(破損)

範例二十：指定輪之軸承端間隙檢查(以 TOYOTA Innova2.7 為例)

    1.   步故障情形：搖擺車輪查看(間隙是否過大過小)

    2.   故障情形：(間隙是否過大或過小)

範例二十一：指定輪之輪胎胎紋及胎壓檢查(以 TOYOTA Innova2.7 為例)

    1.   步驟：首先用(胎壓器)測量(胎壓是否符合規定值)再檢查胎紋(是否過度磨損)

    2.   故障情形：(胎壓過低)(胎紋過度磨損)

範例二十二：指定輪之輪胎輪圈形式(此車為鋁圈)(以 TOYOTA Innova2.7 為例)

範例二十三：全車燈光異常或故障檢查(以 TOYOTA Innova2.7 為例)

    1.   步驟：全車燈光檢查是否(有短路不亮現象)

    2.   故障情形：(其一燈光不亮)

範例二十四：儀表板及喇叭作用檢查(以 TOYOTA Innova2.7 為例)
1. 步驟：檢查(儀表板功能是否有作用)(喇叭有無作用)
2. 故障情形：(儀表板無作用)(喇叭無作用)

範例二十五：雨刷及噴水作用異常或故障檢查(以 TOYOTA Innova2.7 為例)
1. 步驟：按下雨刷鈕及噴水鈕是否有作用
2. 故障情形：雨刷及噴水無作用

第四台 環車檢查(以三菱 Space gear 180 為例)

範例一：煙蒂盒未裝設檢查(以三菱 Space gear 180 為例)
1. 步驟：檢查音響下面(有無菸蒂盒)
2. 故障情形：(無點菸盒)

範例二：音響缺／損壞檢查(以三菱 Space gear 180 為例)

    1. 步驟：將鑰匙開關開在 ON 位置，再打開(音響有無作用)(有無顯示顯示)(可否轉台)

    2. 故障情形：(無作用)(不可轉台)

範例三：駕駛側無腳踏墊檢查(以三菱 Space gear 180 為例)

    1. 步驟：開車門檢查(駕駛側有無腳踏墊)(有無破損)

    2. 故障情形：(無腳踏墊)(破損)

範例四：貴重物品(現金)檢查(以三菱 Space gear 180 為例)

    1. 步驟：檢查車上有無現金等貴重物

    2. 故障情形：(現金)(貴重物品)

範例五：電子鐘檢查(以三菱 Space gear 180 為例)
    1. 步驟：(將鑰匙開關開在 ON 位置)檢查(電子鐘有無顯示)
    2. 故障情形：(電子鐘無顯示)

範例六：任一輪鋼圈護蓋破損或未裝檢查(以三菱 Space gear 180 為例)
    1. 步驟：看到四輪(是否有護蓋)再看(有無破損)(形式)
    2. 故障情形：(護蓋破損)(刮傷)(形式不一樣)

範例七：任一輪輪胎氣嘴螺帽未裝檢查(以三菱 Space gear 180 為例)
    1. 步驟：檢查四個輪胎(是否有汽嘴螺帽)
    2. 故障情形：(無氣嘴螺帽)

範例八：任一側車外後視鏡破裂檢查(以三菱 Space gear 180 為例)

    1. 步驟(檢查鏡面有無破損)

    2. 故障情形：(無作用)(鏡面破損)

範例九：任一保險桿漆面刮傷檢查(以三菱 Space gear 180 為例)

    1. 步驟：檢查外表(是否破損)

    2. 故障情形：(外表破損)

範例十：任一葉子板表面有凹痕刮傷檢查(以三菱 Space gear 180 為例)

    1. 檢查葉子板表面(有無刮傷)(凹痕)

    2. 故障情形：(表面刮傷)(凹痕)

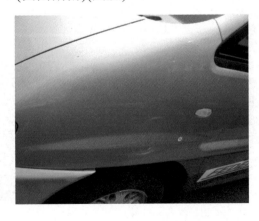

範例十一：任一車門表面有凹痕刮傷檢查(以三菱 Space gear 180 為例)
1. 檢查(4 個車門表面)(有無刮傷凹痕)
2. 任一車門有(刮傷)(凹痕)

範例十二：任一頭枕遺失檢查(以三菱 Space gear 180 為例)
1. 步驟：檢查(有無頭枕)(損壞)(可否調整)
2. 故障情形：(無頭枕)(損壞)(不可調整)

範例十三：備胎／固定螺絲遺失檢查(以三菱 Space gear 180 為例)
1. 步驟：檢查(有無備胎)(固定螺絲)
2. 故障情形：(無備胎)(固定螺絲)

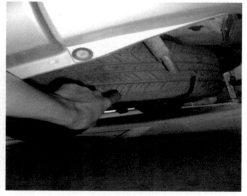

第四台 全車檢修(以三菱 Space gear 180 為例)

範例一：引擎機油檢查(以三菱 Space gear 180 為例)

1. 步驟：(發動車子到達規範溫度)機油量到達指定之標準(標準於兩條線之間)
2. 備註：油尺須直上直下
3. 故障情形：機油量(不足)(過多)

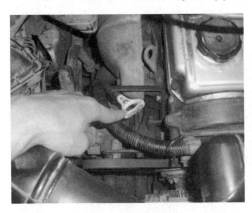

範例二：空氣芯髒汙阻塞檢查(以三菱 Space gear 180 為例)

1. 步驟：檢查(外觀是否損壞過度髒)(汙空氣芯有無破洞形式符合)
2. 故障情形：(外觀破損)(空氣芯破洞)(形式不符)(過度髒汙)

範例三：發電機及壓縮機皮帶檢查(以三菱 Space gear 180 為例)

1. 步驟：用燈照皮帶(檢查是否龜裂)(按壓皮帶鬆緊度符合規定)
   (檢查儀表板電瓶燈是否有亮起)
2. 故障情形：(皮帶龜裂)(鬆緊渡過鬆)(電瓶燈亮起)

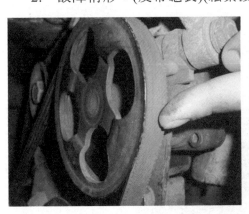

範例四：電子節氣門／可變氣門檢查(以三菱 Space gear 180 為例)

　　1.　步驟：接到電腦然後查看數據看作動是否正常(由左至右看下)

　　　PS：進入動作可要求助手協助進入診斷畫面

① 首先接上診斷
　電腦到此畫面
　選擇資料判讀

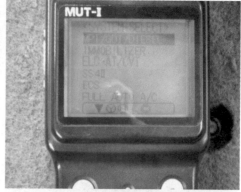

② 進入後選擇
　MPI/GDI 選
　項

③ 進入資料讀取

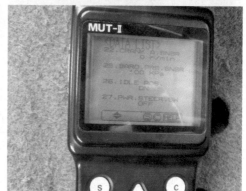

④ 到感知器畫
　面視 TPS

⑤ 再到怠速視轉
　速是否跟著改
　變判斷是否正
　常

範例五：點火正時異常(以三菱 Space gear 180 為例)

　　1.　步驟：接到電腦然後查看數據看是否正常

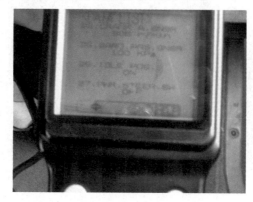

範例六：引擎怠速檢查(以三菱 Space gear 180 為例)

    1. 步驟：接到電腦然後查看數據看是否正常

範例七：HC，CO 濃度檢查(以三菱 Space gear 180 為例)

    1. 步驟：接到廢氣分析儀，然後查看數據看是否正常

    2. 故障情形：對照標準值是否正常

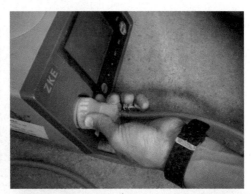

範例八：冷卻液量異常／水管／接頭檢查(以三菱 Space gear 180 為例)

    1. 步驟：檢查(水位是否到達上限)水管(是否有龜裂)(破損漏水)

    2. 故障情形：水管及接頭(龜裂)(破損)(漏水)水位(過多或過少)

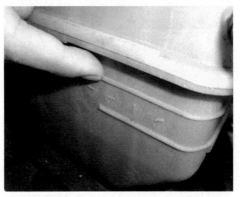

範例九：燃油系統檢查(油箱／管路和接頭和燃油箱加油管蓋)(以三菱 Space gear 180 為例)

　　1.　步驟：檢查是否有(漏油管路)(是否有龜裂)燃油箱加油(管蓋是否有鎖緊)

　　2.　故障情形：(管路龜裂)(漏油)(油箱蓋未鎖緊)

範例十：蒸發油氣排放控制系統檢查(以三菱 Space gear 180 為例)

　　1.　步驟：接到電腦然後查看數據看是否正常

範例十一：煞車油，煞車管路檢查(以三菱 Space gear 180 為例)

　　1.　步驟：檢查煞車油量(是否有到達規定值)管路是否有(龜裂破損)

　　2.　故障情形：(油量未達規定)值管路有(破損)(龜裂)(漏油)

範例十二：手煞車作用情形檢查(以三菱 Space gear 180 為例)
    1. 步驟：檢查手煞車(鬆緊度角度是否過高)拉起手煞車(可達至 6～9 響)
    2. 故障情形：拉起手煞車聲響(低於 6 響)(高於 9 響)(角度過高)

範例十三：煞車來令片檢查(以三菱 Space gear 180 為例)
    1. 步驟：先升起車子重側面查看指定輪來令片(厚度是否符合規定值)
    2. 故障情形：指定輪煞車來令片(厚度不符合規定值)

範例十四：煞車作用檢查(以三菱 Space gear 180 為例)
    1. 步驟：踩下煞車踏板(查看煞車有無壓力)
    2. 故障情形：(踩下踏板後無壓力)

範例十五：動力轉向油與始動力檢查(以三菱 Space gear 180 為例)
　　　1.　步驟：檢查動力轉向(油量是否有到達規定值)是否有(漏油)管路是否有(破損)
　　　2.　故障情形：(油量未達規定值)管路(破損龜裂漏油)

範例十六：轉向機連桿球接頭檢查(以三菱 Space gear 180 為例)
　　　1.　步驟：檢查球接頭(是否破裂)連桿(是否彎曲)間隙(是否過大小)
　　　2.　故障情形(破裂)(彎曲)間隙(過大過小)

範例十七：避震器作用檢查(以三菱 Space gear 180 為例)
　　　1.　步驟：檢查前後(避震器是否漏油)
　　　2.　故障情形：避震器漏油

範例十八：自動變速箱油量檢查(以三菱 Space gear 180 為例)

    1. 步驟：發動車子到達規範溫度機油量到達指定之標準

    2. 每個檔位排過一次再排回到 P 檔

    3. 備註：油尺須直上直下

    4. 故障情形：油量過多過少

範例十九：驅動軸防塵套破損檢查(以三菱 Space gear 180 為例)

    1. 步驟：檢查防塵套有無(破損)

    2. 故障情形：防塵套(破損)

範例二十：指定輪之軸承端間隙檢查(以三菱 Space gear 180 為例)

    1. 步故障情形：搖擺車輪查看(間隙是否過大過小)

    2. 故障情形：(間隙是否過大或過小)

範例二十一：指定輪之輪胎胎紋及胎壓檢查(以三菱 Space gear 180 為例)

1. 步驟：首先用(胎壓器)測量(胎壓是否符合規定值)再檢查胎紋(是否過度磨損)
2. 故障情形：(胎壓過低)(胎紋過度磨損)

範例二十二：指定輪之輪胎輪圈形式檢查(以三菱 Space gear 180 為例)

1. 步驟：檢查指定輪胎(輪圈型式)是否一樣(有無廠徽)
2. 故障情形：(型式不一樣)(無廠徽)

範例二十三：全車燈光異常或故障檢查(以三菱 Space gear 180 為例)

1. 步驟：全車燈光檢查是否(有短路不亮現象)
2. 故障情形：(其一燈光不亮)

範例二十四：儀表板及喇叭作用檢查(以三菱 Space gear 180 為例)

    1.   步驟：檢查(儀表板功能是否有作用)(喇叭有無作用)

    2.   故障情形：(儀表板無作用)(喇叭無作用)

範例二十五：雨刷及噴水作用異常或故障檢查(以三菱 Space gear 180 為例)

    1.   步驟：按下雨刷鈕及噴水鈕是否有作用

    2.   故障情形：雨刷及噴水無作用

陸、汽車修護職類乙級技術士技能檢定術科測試時間配當表

每一檢定場，每日排定測試場次為上、下午各1場；程序表如下：

時間	内容	備註
07：30－08：00	1. 監評前協調會議(含監評人員檢查機具設備及當日抽出之群組別，並分配各站監評人員) 2. 應檢人報到完成	
08：00－13：00	一、 1. 應檢人推薦代表1名進行抽題，列印每位應檢人抽題結果 2. 應檢人應檢站別輪動分配及位置說明 3. 應檢場地設備、自備機具及材料供應等作業說明 4. 測試應注意事項說明 5. 應檢人試題疑義說明 6. 引導應檢人檢查機具設備 7. 其他事項 二、 1. 第一場測試 2. 應檢人依應檢站別、應檢試題/工作崗位號、術科場地排序，分別赴各應檢工作崗位操作 3. 各站監評人員成績彙整、統計、登錄、檢核及彌封 4. 監評人員相關表件檢核及簽名	各站測試時間依試題規定
13：00－13：30	1. 監評人員休息用膳時間 2. 第二場應檢人報到完成	
13：30－18：30	一、 1. 應檢人推薦代表1名進行抽題，列印每位應檢人抽題結果 2. 應檢人應檢站別輪動分配及位置說明 3. 應檢場地設備、自備機具及材料供應等作業說明 4. 測試應注意事項說明 5. 應檢人試題疑義說明 6. 引導應檢人檢查機具設備 7. 其他事項 二、 1. 第二場測試 2. 應檢人依應檢站別、應檢試題/工作崗位號、術科場地排序，分別赴各應檢工作崗位操作 3. 各站監評人員成績彙整、統計、登錄、檢核及彌封 4. 監評人員相關表件檢核及簽名	各站測試時間依試題規定
18：30	檢討會(監評人員及術科測試辦理單位視需要召開)	

乙級汽車修護技能檢定術科題庫寶典

作者／黃志仁、洪敬閔、謝國慶、鄭永成、戴良運

發行人／陳本源

執行編輯／蔣德亮

出版者／全華圖書股份有限公司

郵政帳號／0100836-1 號

印刷者／宏懋打字印刷股份有限公司

圖書編號／06232016-202208

定價／新台幣 360 元

ISBN／978-986-463-135-3 (平裝)

全華圖書／www.chwa.com.tw

全華網路書店 Open Tech／www.opentech.com.tw

若您對本書有任何問題，歡迎來信指導 book@chwa.com.tw

臺北總公司(北區營業處)
地址：23671 新北市土城區忠義路 21 號
電話：(02) 2262-5666
傳真：(02) 6637-3695、6637-3696

南區營業處
地址：80769 高雄市三民區應安街 12 號
電話：(07) 381-1377
傳真：(07) 862-5562

中區營業處
地址：40256 臺中市南區樹義一巷 26 號
電話：(04) 2261-8485
傳真：(04) 3600-9806(高中職)
　　　(04) 3601-8600(大專)

讀者回函卡

填寫日期：　　／　　／

姓名：　　　　　　　　性別：□男 □女

電話：（　　）　　　　　手機：

生日：西元　　　年　　月　　日

傳真：（　　）

e-mail：（必填）

通訊處：□□□□□

註：數字零，請用 Φ 表示，數字 1 與英文 L 請另註明並書寫端正，謝謝。

學歷：□博士 □碩士 □大學 □專科 □高中・職

職業：□工程師 □教師 □學生 □軍・公 □其他

學校／公司：　　　　　　　　　　科系／部門：

・需求書類：

□A.電子 □B.電機 □C.計算機工程 □D.資訊 □E.機械 □F.汽車 □I.工管 □J.土木

□K.化工 □L.設計 □M.商管 □N.日文 □O.美容 □P.休閒 □Q.餐飲 □B.其他

・本次購買圖書為：　　　　　　　　　　書號：

・您對本書的評價：

封面設計：□非常滿意 □滿意 □尚可 □需改善，請說明

內容表達：□非常滿意 □滿意 □尚可 □需改善，請說明

版面編排：□非常滿意 □滿意 □尚可 □需改善，請說明

印刷品質：□非常滿意 □滿意 □尚可 □需改善，請說明

書籍定價：□非常滿意 □滿意 □尚可 □需改善，請說明

整體評價：請說明

・您在何處購買本書？

□書局 □網路書店 □書展 □團購 □其他

・您購買本書的原因？（可複選）

□個人需要 □幫公司採購 □親友推薦 □老師指定之課本 □其他

・您希望全華以何種方式提供出版訊息及特惠活動？

□電子報 □DM □廣告 (媒體名稱　　　　　　　　)

・您是否上過全華網路書店？（www.opentech.com.tw）

□是 □否 您的建議

・您希望全華出版那方面書籍？

・您希望全華加強那些服務？

~感謝您提供寶貴意見，全華將秉持服務的熱忱，出版更多好書，以饗讀者。

全華網路書店 http://www.opentech.com.tw　　客服信箱 service@chwa.com.tw

2011.03 修訂

親愛的讀者：

感謝您對全華圖書的支持與愛護，雖然我們很慎重的處理每一本書，但恐仍有疏漏之處，若您發現本書有任何錯誤，請填寫於勘誤表內寄回，我們將於再版時修正，您的批評與指教是我們進步的原動力，謝謝！

全華圖書 敬上

勘誤表

書號　　　　　書名　　　　　作者

頁數	行數	錯誤或不當之詞句	建議修改之詞句

我有話要說：（其它之批評與建議，如封面、編排、內容、印刷品質等‥‥）

乙級
汽車修護
術科實作評分本

黃志仁、洪敬閔、謝國慶、鄭永成、戴良運 編著

科別：＿＿＿＿＿＿＿＿＿＿＿

班級：＿＿＿＿＿＿＿＿＿＿＿

姓名：＿＿＿＿＿＿＿＿＿＿＿

座號：＿＿＿＿＿＿＿＿＿＿＿

導師：＿＿＿＿＿＿＿＿＿＿＿

全華

汽車修護職類乙級技術士技能檢定術科測試時間配當表

每一檢定場，每日排定測試場次為上、下午各 1 場；程序表如下：

時間	內容	備註
07：30－08：00	1. 監評前協調會議(含監評人員檢查機具設備及當日抽出之群組別，並分配各站監評人員) 2. 應檢人報到完成	
08：00－13：00	一、 1. 應檢人推薦代表 1 名進行抽題，列印每位應檢人抽題結果 2. 應檢人應檢站別輪動分配及位置說明 3. 應檢場地設備、自備機具及材料供應等作業說明 4. 測試應注意事項說明 5. 應檢人試題疑義說明 6. 引導應檢人檢查機具設備 7. 其他事項 二、 1. 第一場測試 2. 應檢人依應檢站別、應檢試題/工作崗位號、術科場地排序，分別赴各應檢工作崗位操作 3. 各站監評人員成績彙整、統計、登錄、檢核及彌封 4. 監評人員相關表件檢核及簽名	各站測試時間依試題規定
13：00－13：30	1. 監評人員休息用膳時間 2. 第二場應檢人報到完成	
13：30－18：30	一、 1. 應檢人推薦代表 1 名進行抽題，列印每位應檢人抽題結果 2. 應檢人應檢站別輪動分配及位置說明 3. 應檢場地設備、自備機具及材料供應等作業說明 4. 測試應注意事項說明 5. 應檢人試題疑義說明 6. 引導應檢人檢查機具設備 7. 其他事項 二、 1. 第二場測試 2. 應檢人依應檢站別、應檢試題/工作崗位號、術科場地排序，分別赴各應檢工作崗位操作 3. 各站監評人員成績彙整、統計、登錄、檢核及彌封 4. 監評人員相關表件檢核及簽名	各站測試時間依試題規定
18：30	檢討會(監評人員及術科測試辦理單位視需要召開)	

汽車修護乙級技術士技能檢定術科測試試題

姓　　　名：＿＿＿＿＿＿＿　　檢定日期：＿＿＿＿＿＿＿　　監評人員簽名：＿＿＿＿＿

檢定編號：＿＿＿＿＿＿＿　　題號／崗位：＿＿＿＿＿＿＿

(一)　填寫檢修結果

說明：1. 答案紙填寫方式依現場修護手冊或診斷儀器用詞或內容，填寫於各欄位。

　　　2. 檢修內容之現象、原因及操作程序 3 項皆須正確，該項次才予計分。

　　🈺 故障檢修時單一故障可能會造成多重故障碼顯示，仍須視為同一個故障項目。

　　　3. 檢修內容不正確，則處理方式不予評分。

　　　4. 處理方式填寫及操作程序 2 項皆須正確，該項才予計分。處理方式必須含零件名稱
　　　　 (例：更換水溫感知器、調整⋯、清潔⋯、修護⋯、鎖緊等)。

　　　5. 未完成之工作項目，填寫亦不予計分。

項次	故障項目 (應檢人填寫)			評審結果(監評人員填寫)			
				操作程序		合格	不合格
				正確	錯誤		
1	檢修內容	現象					
		原因					
	處理方式						
2	檢修內容	現象					
		原因					
	處理方式						

故障設置項目：(由監評人員於應檢人檢定結束後填入)

故障項目項次 1.＿＿＿＿＿＿＿＿＿＿＿＿＿

故障項目項次 2.＿＿＿＿＿＿＿＿＿＿＿＿＿

汽車修護乙級技術士技能檢定術科測試試題

姓　　名：＿＿＿＿＿＿　　檢定日期：＿＿＿＿＿＿＿　　監評人員簽名：＿＿＿＿＿

檢定編號：＿＿＿＿＿　　題號／崗位：＿＿＿＿＿＿＿

(二) 填寫測量項目結果

說明：1. 應檢前，由監評人員依修護手冊內容，指定與本站應檢試題相關之兩項測量項目，事先
　　　　　於應檢前填入答案紙之測量項目欄，供應檢人應考。

　　　2. 標準值以修護手冊之規範為準。應檢人填寫標準值時應註明修護手冊之頁碼。

　　　3. **應檢人填寫實測值時，須請監評人員當場確認，否則不予計分。**

　　　4. 標準值、手冊頁碼、實測值及判斷4項皆須填寫正確，且實測值誤差值在該儀器或量具
　　　　　之要求精度內，該項才予計分。

　　　5. 未註明單位者不予計分。

項次	測量項目 (含測試條件) (監評人員事先填寫)	測量結果(應檢人填寫)				評審結果(監評人員填寫)		
		標準值	手冊頁碼	實測值 (含單位)	判斷	實測值 (含單位)	合格	不合格
1					□ 正　　常 □ 不 正 常			
2					□ 正　　常 □ 不 正 常			

3

汽車修護乙級技術士技能檢定術科測試試題

第 1 站　檢修汽油引擎　　　　　　答案紙(三)　　　　　(發應檢人)(第 3 頁共 3 頁)

姓　　名：＿＿＿＿＿＿　　檢定日期：＿＿＿＿＿＿＿　　監評人員簽名：＿＿＿＿＿

檢定編號：＿＿＿＿＿＿　　題號／崗位：＿＿＿＿＿＿＿

(三)　領料單

說明：1. 應檢人應依據故障情況必須先填妥領料單後，向監評人員要求領取所要更換之零件或總成(監評人員確認領料單填妥後，決定是否提供應檢人零件或總成)。

　　　2. 應檢人填寫領料單後，要求更換零件或總成，若要求更換之零件或總成錯誤(應記錄於備註評審結果欄)，每項扣 2 分。

　　　3. 領料次數最多 5 項次。

項次	零件名稱(應檢人填寫)	數量(應檢人填寫)	評審結果(監評人員填寫)
1			☐ 正　確 ☐ 錯　誤
2			☐ 正　確 ☐ 錯　誤
3			☐ 正　確 ☐ 錯　誤
4			☐ 正　確 ☐ 錯　誤
5			☐ 正　確 ☐ 錯　誤

汽車修護乙級技術士技能檢定術科測試試題

姓　　名：_____　　檢定日期：_____

檢定編號：_____　　監評人員簽名：_____

得分 ☐

評　　　　審　　　　項　　　　目	評　　　　　　定		備　　　　註
	配　分	得　分	
操 作 測 試 時 間　限時 30 分鐘。			
一、工作技能			
1. 正確依操作程序檢查、測試及判斷故障，並正確填寫檢修內容(故障項目項次 1)	4	(　　)	依答案紙(一)及操作過程
2. 正確依操作程序調整或更換故障零件，並正確填寫處理方式(故障項目項次 1)	4	(　　)	依答案紙(一)及操作過程
3. 正確依操作程序檢查、測試及判斷故障，並正確填寫檢修內容(故障項目項次 2)	4	(　　)	依答案紙(一)及操作過程
4. 正確依操作程序調整或更換故障零件，並正確填寫處理方式(故障項目項次 2)	4	(　　)	依答案紙(一)及操作過程
5. 完成全部故障檢修工作且系統作用正常並清除故障碼	3	(　　)	
6. 正確操作及填寫測量結果(測量項次 1)	3	(　　)	依答案紙(二)及操作過程
7. 正確操作及填寫測量結果(測量項次 2)	3	(　　)	依答案紙(二)及操作過程
二、作業程序及工作安全與態度(本部分採扣分方式)			
1. 更換錯誤零件	每項次扣 2 分	(　　)	依答案紙(三)
2. 工作中必須維持良好習慣(例：場地整潔、工具儀器等不得置於地上等)，違者每件扣 1 分，最多扣 5 分	扣 1～5	(　　)	
3. 使用後工具、儀器及護套必須歸定位，違者每件扣 1 分，最多扣 5 分	扣 1～5	(　　)	
4. 有不安全動作或損壞工作物(含起動馬達操作)違者每次扣 1 分，最多扣 5 分。	扣 1～5	(　　)	扣分項紀錄事實
5. 不得穿著汗衫、短褲或拖、涼鞋等，違者每項扣 1 分，最多扣 3 分。	扣 1～3	(　　)	
6. 未使用葉子板護套、方向盤護套、座椅護套、腳踏墊、排檔桿護套等，違者每件扣 1 分，最多扣 5 分	扣 1～5	(　　)	
合　　　　　　　　　　　　　　　　　　　　計	25	(　　)	

汽車修護乙級技術士技能檢定術科測試試題

姓　　名：＿＿＿＿＿＿　　檢定日期：＿＿＿＿＿＿＿　　監評人員簽名：＿＿＿＿＿

檢定編號：＿＿＿＿＿＿　　題號／崗位：＿＿＿＿＿＿＿

(一) 填寫檢修結果

說明：1. 答案紙填寫方式依現場修護手冊或診斷儀器用詞或內容，填寫於各欄位。

　　　2. 檢修內容之現象、原因及操作程序 3 項皆須正確，該項次才予計分。

　　　註 故障檢修時單一故障可能會造成多重故障碼顯示，仍須視為同一個故障項目。

　　　3. 檢修內容不正確，則處理方式不予評分。

　　　4. 處理方式填寫及操作程序 2 項皆須正確，該項才予計分。處理方式必須含零件名稱(例：更換水溫感知器、調整…、清潔…、修護…、鎖緊等)。

　　　5. 未完成之工作項目，填寫亦不予計分。

項次	故障項目 (應檢人填寫)			評審結果(監評人員填寫)			
				操作程序		合格	不合格
				正確	錯誤		
1	檢修內容	現象					
		原因					
	處理方式						
2	檢修內容	現象					
		原因					
	處理方式						

故障設置項目：(由監評人員於應檢人檢定結束後填入)

故障項目項次 1.＿＿＿＿＿＿＿＿＿＿＿＿＿

故障項目項次 2.＿＿＿＿＿＿＿＿＿＿＿＿＿

汽車修護乙級技術士技能檢定術科測試試題

第2站　檢修柴油引擎　　　　　　　答案紙(二)　　　　　　　(發應檢人)(第2頁共3頁)

姓　　名：＿＿＿＿＿＿　　檢定日期：＿＿＿＿＿＿　　監評人員簽名：＿＿＿＿＿

檢定編號：＿＿＿＿＿＿　　題號／崗位：＿＿＿＿＿＿

(二) 填寫測量結果

說明：1. 應檢前，由監評人員依修護手冊內容，指定與本站應檢試題相關之兩項測量項目，事先於應檢前填入答案紙之測量項目欄，供應檢人應考。

　　　2. 標準值以修護手冊之規範爲準，應檢人填寫標準值時應註明修護手冊之頁碼。

　　　3. **應檢人填寫實測值時，須請監評人員當場確認，否則不予計分。**

　　　4. 標準值、手冊頁碼、實測值及判斷4項皆須填寫正確，且實測值誤差值在該儀器或量具之要求精度內，該項才予計分。

　　　5. 未註明單位者不予計分。

項次	測量項目 (含測試條件) (監評人員事先填寫)	測量結果(應檢人填寫)				評審結果(監評人員填寫)		
		標準值	手冊頁碼	實測值 (含單位)	判斷	實測值 (含單位)	合格	不合格
1					□正　常 □不正常			
2					□正　常 □不正常			

7

汽車修護乙級技術士技能檢定術科測試試題

姓　　名：＿＿＿＿＿＿　　檢定日期：＿＿＿＿＿＿＿　　監評人員簽名：＿＿＿＿＿

檢定編號：＿＿＿＿＿＿　　題號／崗位：＿＿＿＿＿＿＿

(三) 領料單

說明：1. 應檢人應依據故障情況必須先填妥領料單後，向監評人員要求領取所要更換之零件或總成(監評人員確認領料單填妥後，決定是否提供應檢人零件或總成)。

　　　2. 應檢人填寫領料單後，要求更換零件或總成，若要求更換之零件或總成錯誤(應記錄於評審結果欄)，每項次扣 2 分。

　　　3. 領料次數最多 5 項次。

項次	零件名稱(應檢人填寫)	數量(應檢人填寫)	評審結果(監評人員填寫)
1			□ 正　確 □ 錯　誤
2			□ 正　確 □ 錯　誤
3			□ 正　確 □ 錯　誤
4			□ 正　確 □ 錯　誤
5			□ 正　確 □ 錯　誤

汽車修護乙級技術士技能檢定術科測試試題

第 2 站　檢修柴油引擎　　　　評審表（發應檢人、監評人員）

姓　　名：＿＿＿＿＿＿＿　　檢定日期：＿＿＿＿＿＿＿＿＿

檢定編號：＿＿＿＿＿＿＿　　監評人員簽名：＿＿＿＿＿＿＿

			得分	

評　　　　　審　　　　　項　　　　　目		評　　　　定　　　定		備　　　　註
		配　分	得　　分	
操　作　測　試　時　間	限時 30 分鐘。			
一、工作技能	1. 正確依操作程序檢查、測試及判斷故障，並正確填寫檢修內容(故障項目項次 1)	4	（　）	依答案紙(一)及操作過程
	2. 正確依操作程序調整或更換故障零件，並正確填寫處理方式(故障項目項次 1)	4	（　）	依答案紙(一)及操作過程
	3. 正確依操作程序檢查、測試及判斷故障，並正確填寫檢修內容(故障項目項次 2)	4	（　）	依答案紙(一)及操作過程
	4. 正確依操作程序調整或更換故障零件，並正確填寫處理方式(故障項目項次 2)	4	（　）	依答案紙(一)及操作過程
	5. 完成全部故障檢修工作且系統作用正常並清除故障碼	3	（　）	
	6. 正確操作及填寫測量結果(測量項次 1)	3	（　）	依答案紙(二)及操作過程
	7. 正確操作及填寫測量結果(測量項次 2)	3	（　）	依答案紙(二)及操作過程
二、作業程序及工作安全與態度(本部分採扣分方式)	1. 更換錯誤零件	每項次扣 2 分	（　）	依答案紙(三)
	2. 工作中必須維持良好習慣(例：場地整潔、工具儀器等不得置於地上等)，違者每件扣 1 分，最多扣 5 分	扣 1～5	（　）	
	3. 使用後工具、儀器及護套必須歸定位，違者每件扣 1 分，最多扣 5 分	扣 1～5	（　）	扣分項紀錄事實
	4. 有不安全動作或損壞工作物(含起動馬達操作)違者每次扣 1 分，最多扣 5 分。	扣 1～5	（　）	
	5. 不得穿著汗衫、短褲或拖、涼鞋等，違者每項扣 1 分，最多扣 3 分。	扣 1～3	（　）	
	6. 未使用葉子板護套、方向盤護套、座椅護套、腳踏墊、排檔桿護套等，違者每件扣 1 分，最多扣 5 分	扣 1～5	（　）	
合		計	25	（　）	

汽車修護乙級技術士技能檢定術科測試試題

第 3 站　檢修汽車底盤　　　　　　　　答案紙(一)　　　　　(發應檢人)(第 1 頁共 3 頁)

姓　　名：＿＿＿＿＿　　檢定日期：＿＿＿＿＿＿　　監評人員簽名：＿＿＿＿＿

檢定編號：＿＿＿＿＿　　題號／崗位：＿＿＿＿＿＿

(一) 填寫檢修結果

說明：1. 答案紙填寫方式依現場修護手冊或診斷儀器用詞或內容，填寫於各欄位。

　　　2. 檢修內容之現象、原因及操作程序 3 項皆須正確，該項次才予計分。

　　　註 故障檢修時單一故障可能會造成多重故障碼顯示，仍須視為同一個故障項目。

　　　3. 檢修內容不正確，則處理方式不予評分。

　　　4. 處理方式填寫及操作程序 2 項皆須正確，該項才予計分。處理方式必須含零件名稱 (例：更換煞車分泵、調整…、清潔…、修護…、鎖緊等)。

　　　5. 未完成之工作項目，填寫亦不予計分。

項次	故障項目 (應檢人填寫)			評審結果(監評人員填寫)			
				操作程序		合格	不合格
				正確	錯誤		
1	檢修內容	現象					
		原因					
	處理方式						
2	檢修內容	現象					
		原因					
	處理方式						

故障設置項目：(由監評人員於應檢人檢定結束後填入)

故障項目項次 1.＿＿＿＿＿＿＿＿＿＿＿＿

故障項目項次 2.＿＿＿＿＿＿＿＿＿＿＿＿

10

汽車修護乙級技術士技能檢定術科測試試題

姓　　名：＿＿＿＿＿＿　　檢定日期：＿＿＿＿＿＿＿　　監評人員簽名：＿＿＿＿＿

檢定編號：＿＿＿＿＿＿　　題號／崗位：＿＿＿＿＿＿＿

(二) 填寫測量結果

說明：1. 應檢前，由監評人員依修護手冊內容，指定與本站應檢試題相關之兩項測量項目，事先
　　　　於應檢前填入答案紙之測量項目欄，供應檢人應考。

　　　2. 規範值以修護手冊之規範為準，應檢人填寫標準值時應註明修護手冊之頁碼。

　　　3. **應檢人填寫實測值時，須請監評人員當場確認，否則不予計分。**

　　　4. 規範值、手冊頁碼、實測值及判斷 4 項皆須填寫正確，且實測值誤差值在該儀器或量具
　　　　之要求精度內，該項才予計分。

　　　5. 未註明單位者不予計分。

項次	測量項目 (含測試條件) (監評人員事先填寫)	測量結果(應檢人填寫)				評審結果(監評人員填寫)		
		規範值	手冊頁碼	實測值 (含單位)	判斷	實測值 (含單位)	合格	不合格
1					□正　　常 □不正常			
2					□正　　常 □不正常			

11

汽車修護乙級技術士技能檢定術科測試試題

姓　　名：＿＿＿＿＿＿　　檢定日期：＿＿＿＿＿＿＿　　監評人員簽名：＿＿＿＿＿

檢定編號：＿＿＿＿＿＿　　題號／崗位：＿＿＿＿＿＿＿

(三)領料單

說明：1. 應檢人應依據故障情況必須先填妥領料單後，向監評人員要求領取所要更換之零件或總
　　　　　成(監評人員確認領料單填妥後，決定是否提供應檢人零件或總成)。

　　　2. 應檢人填寫領料單後，要求更換零件或總成，若要求更換之零件或總成錯誤(應記錄於
　　　　　評審結果欄內)，每項次扣 2 分。

　　　3. 領料次數最多 5 項次。

項次	零件名稱(應檢人填寫)	數量(應檢人填寫)	評審結果(監評人員填寫)
1			☐ 正　確 ☐ 錯　誤
2			☐ 正　確 ☐ 錯　誤
3			☐ 正　確 ☐ 錯　誤
4			☐ 正　確 ☐ 錯　誤
5			☐ 正　確 ☐ 錯　誤

汽車修護乙級技術士技能檢定術科測試試題

第 3 站 檢修汽車底盤 　　　　　　　(發應檢人、監評人員)

姓　　名：_____　　檢定日期：_____

檢定編號：_____　　監評人員簽名：_____

得分	

評	審　　項　　目	評　　　　　定			備　　註
		配　分	得　　　分		
操 作 測 試 時 間	限時 30 分鐘。				
一、工作技能	1. 正確依操作程序檢查、測試及判斷故障，並正確填寫檢修內容(故障項目項次 1)	4	（　）		依答案紙(一)及操作過程
	2. 正確依操作程序調整或更換故障零件，並正確填寫處理方式(故障項目項次 1)	4	（　）		依答案紙(一)及操作過程
	3. 正確依操作程序檢查、測試及判斷故障，並正確填寫檢修內容(故障項目項次 2)	4	（　）		依答案紙(一)及操作過程
	4. 正確依操作程序調整或更換故障零件，並正確填寫處理方式(故障項目項次 2)	4	（　）		依答案紙(一)及操作過程
	5. 完成全部故障檢修工作且系統作用正常並清除故障碼	3	（　）		
	6. 正確操作及填寫測量結果(測量項次 1)	3	（　）		依答案紙(二)及操作過程
	7. 正確操作及填寫測量結果(測量項次 2)	3	（　）		依答案紙(一)及操作過程
二、作業程序及工作安全與態度(本部分採扣分方式)	1. 更換錯誤零件	每項次扣 2 分	（　）		依答案紙(三)
	2. 工作中必須維持良好習慣(例：場地整潔、工具儀器等不得置於地上等)，違者每件扣 1 分，最多扣 5 分	扣 1～5	（　）		
	3. 使用後工具、儀器及護套必須歸定位，違者每件扣 1 分，最多扣 5 分	扣 1～5	（　）		
	4. 有不安全動作或損壞工作物(含起動馬達操作)違者每次扣 1 分，最多扣 5 分。	扣 1～5	（　）		扣分項紀錄事實
	5. 不得穿著汗衫、短褲或拖、涼鞋等，違者每項扣 1 分，最多扣 3 分。	扣 1～3	（　）		
	6. 未使用葉子板護套、方向盤護套、座椅護套、腳踏墊、排檔桿護套等，違者每件扣 1 分，最多扣 5 分	扣 1～5	（　）		
合	計	25	（　）		

汽車修護乙級技術士技能檢定術科測試試題

第 4 站　檢修汽車電系　　　　　答案紙(一)　　　　　(發應檢人) (第 1 頁共 3 頁)

姓　　名：＿＿＿＿＿＿　　檢定日期：＿＿＿＿＿＿＿　　監評人員簽名：＿＿＿＿＿

檢定編號：＿＿＿＿＿＿　　題號／崗位：＿＿＿＿＿＿＿

(一) 填寫檢修結果

說明：1. 答案紙填寫方式依現場修護手冊或診斷儀器用詞或內容，填寫於各欄位。

2. 檢修內容之現象、原因及操作程序 3 項皆須正確，該項次才予計分。

註 故障檢修時單一故障可能會造成多重故障碼顯示，仍須視為同一個故障項目。

3. 檢修內容不正確，則處理方式不予評分。

4. 處理方式填寫及操作程序 2 項皆須正確，該項才予計分。處理方式必須含零件名稱
(例：更換頭燈保險絲、調整…、清潔…、修護…、鎖緊…等)。

5. 未完成之工作項目，填寫亦不予計分。

項次	故障項目 (應檢人填寫)			評審結果(監評人員填寫)			
				操作程序		合格	不合格
				正確	錯誤		
1	檢修內容	現象					
		原因					
	處理方式						
2	檢修內容	現象					
		原因					
	處理方式						

故障設置項目：(由監評人員於應檢人檢定結束後填入)

故障項目項次 1.＿＿＿＿＿＿＿＿＿＿＿＿

故障項目項次 2.＿＿＿＿＿＿＿＿＿＿＿＿

汽車修護乙級技術士技能檢定術科測試試題

姓　　名：＿＿＿＿＿＿＿　　檢定日期：＿＿＿＿＿＿＿　　監評人員簽名：＿＿＿＿＿

檢定編號：＿＿＿＿＿＿　　題號／崗位：＿＿＿＿＿＿＿

(二) 填寫測量結果

說明：1. 應檢前，由監評人員依修護手冊內容，指定與該站應檢試題相關之兩項測量項目，事先於應檢前填入答案紙之測量項目欄，供應檢人應考。

2. 標準值以修護手冊之規範為準，應檢人填寫標準值時應註明修護手冊之頁碼。

3. **應檢人填寫實測值時，須請監評人員當場確認，否則不予計分。**

4. 標準值、手冊頁碼、實測值及判斷 4 項皆須填寫正確，且實測值誤差值在該儀器或量具之要求精度內，該項才予計分。

5. 未註明單位者不予計分。

項次	測量項目 (含測試條件) (監評人員事先填寫)	測量結果(應檢人填寫)				評審結果(監評人員填寫)		
		標準值	手冊頁碼	實測值 (含單位)	判斷	實測值 (含單位)	合格	不合格
1					□正　　常 □不正常			
2					□正　　常 □不正常			

15

汽車修護乙級技術士技能檢定術科測試試題

姓　　名：＿＿＿＿＿＿＿　　檢定日期：＿＿＿＿＿＿＿　　監評人員簽名：＿＿＿＿＿＿

檢定編號：＿＿＿＿＿＿＿　　題號／崗位：＿＿＿＿＿＿＿

(三) 領料單

說明：1. 應檢人應依據故障情況必須先填妥領料單後，向監評人員要求領取所要更換之零件或總成(監評人員確認領料單填妥後，決定是否提供應檢人零件或總成)。

　　　2. 應檢人填寫領料單後，要求更換零件或總成，若要求更換之零件或總成錯誤(應記錄於評審結果欄)，每項次扣 2 分。

　　　3. 領料次數最多 5 項次。

項次	零件名稱(應檢人填寫)	數量(應檢人填寫)	評審結果(監評人員填寫)
1			□ 正　確 □ 錯　誤
2			□ 正　確 □ 錯　誤
3			□ 正　確 □ 錯　誤
4			□ 正　確 □ 錯　誤
5			□ 正　確 □ 錯　誤

汽車修護乙級技術士技能檢定術科測試試題

第 4 站　檢修汽車電系　　　　　評審表(發應檢人、監評人員)

姓　　名：＿＿＿＿＿＿　　檢定日期：＿＿＿＿＿＿＿

檢定編號：＿＿＿＿＿　　監評人員簽名：＿＿＿＿＿

得分	

評　審　項　目	評　定			備　註
	配　分	得　　　分		
操 作 測 試 時 間　限時 30 分鐘。				
一、工作技能　1. 正確依操作程序檢查、測試及判斷故障，並正確填寫檢修內容(故障項目項次 1)	4	(	)	依答案紙(一)及操作過程
2. 正確依操作程序調整或更換故障零件，並正確填寫處理方式(故障項目項次 1)	4	(	)	依答案紙(一)及操作過程
3. 正確依操作程序檢查、測試及判斷故障，並正確填寫檢修內容(故障項目項次 2)	4	(	)	依答案紙(一)及操作過程
4. 正確依操作程序調整或更換故障零件，並正確填寫處理方式(故障項目項次 2)	4	(	)	依答案紙(一)及操作過程
5. 完成全部故障檢修工作且系統作用正常並清除故障碼	3	(	)	
6. 正確操作及填寫測量結果(測量項次 1)	3	(	)	依答案紙(二)及操作過程
7. 正確操作及填寫測量結果(測量項次 2)	3	(	)	依答案紙(二)及操作過程
二、作業程序及工作安全與態度(本部分採扣分方式)　1. 更換錯誤零件	每項次扣 2 分	(	)	依答案紙(三)
2. 工作中必須維持良好習慣(例：場地整潔、工具儀器等不得置於地上等)，違者每件扣 1 分，最多扣 5 分	扣 1～5	(	)	
3. 使用後工具、儀器及護套必須歸定位，違者每件扣 1 分，最多扣 5 分	扣 1～5	(	)	
4. 有不安全動作或損壞工作物(含起動馬達操作)違者每次扣 1 分，最多扣 5 分。	扣 1～5	(	)	扣分項紀錄事實
5. 不得穿著汗衫、短褲或拖、涼鞋等，違者每項扣 1 分，最多扣 3 分。	扣 1～3	(	)	
6. 未使用葉子板護套、方向盤護套、座椅護套、腳踏墊、排檔桿護套等，違者每件扣 1 分，最多扣 5 分	扣 1～5	(	)	
合　　　　　　　　　　　　　　　　　計	25	(	)	

第 5 站　全車綜合檢修　　　　　　答案紙(一)　　　　　(發應檢人)(第 1 頁共 4 頁)

姓　　名：＿＿＿＿＿＿＿　　檢定日期：＿＿＿＿＿＿＿　　監評人員簽名：＿＿＿＿＿

檢定編號：＿＿＿＿＿＿　　題號／崗位：＿＿＿＿＿＿＿

(一) 進廠環車檢查及記錄

說明：1. 應檢人依進廠環車檢查表逐項檢查，填寫檢查結果。

　　　2. 進廠環車檢查以實車現況為主，若無附屬配備者，需於檢查結果欄勾選「無」，不得空白。

　　　3. 進廠環車檢查之檢查結果填寫正確該項才予計分，設置項目有 2 項，勾選錯誤則每項扣 2 分。

　　　4. 需註明單位而未註明者不予計分，未完成之工作不得填寫且不予計分。

進廠環車檢查表

檢查項目 \ 結果	檢查結果 (勾選該項目有無、填寫數字、位置)		評審結果 (監評填寫)		備註
			合格	不合格	
1. 煙蒂盒	☐有	☐無			
2. 音響	☐有	☐無			
3. 駕駛座腳踏墊	☐有	☐無			
4. 提醒車主貴重物品請帶走	☐有	☐無			
5. 輪胎氣嘴螺帽	☐齊全	☐短少(　　輪)			
6. 車外側後視鏡	☐無刮傷	☐有刮傷(　　側)			
7. 座椅	☐無破損	☐有破損(　　側)			
8. 備胎	☐有	☐無			
9. 頭枕	☐齊全	☐短少(　　側)			
10. 車身外觀(含保桿) 若勾選「有損傷」，請於右方圖示中，以"X"表示損傷位置。	☐無損傷	☐有損傷			
里程數	＿＿＿＿＿＿＿＿＿＿				
油量錶位置(請勾選)	約☐F　☐3/4　☐1/2　☐1/4　☐E				

車主確認欄位簽名：＿＿＿＿＿＿＿(環車檢查後，立即請監評人員簽名，否則不予計分)

設置項目：(由監評人員於應檢人檢定結束後填入)

設置項目 1.＿＿＿＿＿＿＿　　　設置項目 2.＿＿＿＿＿＿＿

(二) 全車檢修及記錄：

說明：1. 應檢人依指定之檢修項目實施檢查、調整、更換等作業，如檢查結果正常者在正常欄打「✓」，不正常者在不正常欄打「✓」。

2. 檢查結果不正常項目，請於不正常狀況欄填寫其故障原因（例：雨刷不作動是故障現象，雨刷保險絲燒毀是故障原因，如填寫「雨刷不作動」則不予計分），並將故障排除。

3. 處理方式以英文：I-檢查、R-更換、A-調整、T-鎖緊、C-清潔等代號填答。

4. 全車檢修表之檢查結果打「✓」欄雖正確，但不正常狀況故障原因不正確，該項不予計分；不正常狀況處理方式不正確，該項不予計分。

註 故障檢修時各系統單一故障可能會造成多重故障碼顯示，仍須視為同一個故障項目。

5. 設置故障 2 項，若非屬設置之故障或缺失，監評人員應於應試前告知應檢人，填寫錯誤則每項扣 2 分。

6. 未完成之工作不得填寫且不予計分。

汽車修護乙級技術士技能檢定術科測試試題

姓　　名：＿＿＿＿＿＿＿　檢定日期：＿＿＿＿＿＿＿　監評人員簽名：＿＿＿＿＿

檢定編號：＿＿＿＿＿＿＿　題號／崗位：＿＿＿＿＿＿＿

全車檢修表

檢修項目 (監評人員依試題說明勾選 10 項)	檢修結果 (應檢人填寫)				評審結果 (監評人員填寫)			
	正常	不正常	不正常狀況		故障原因		處理方式	
	以 ✓ 勾選		故障原因	處理方式	合格	不合格	合格	不合格
1.引擎機油								
2.空氣芯								
3.發電機及壓縮機皮帶								
4.電子節氣門								
5.點火正時								
6.引擎怠速								
7.HC、CO 濃度								
8.冷卻液量、水管及接頭								
9.燃油系統 (油箱、管路和接頭和燃油箱加油管蓋)								
10.蒸發油氣排放控制系統								
11.煞車油量、煞車管路								
12.手煞車作用情形								
13.(　　)輪之煞車來令片								
14.煞車作用情形								
15.動力轉向油量與始動力								
16.轉向機、連桿、球接頭								
17.避震器作用情形								
18.自動變速箱油量								
19.驅動軸防塵套								
20.指定(　　)輪軸承端間隙								
21.指定(　　)輪胎紋及胎壓								
22.指定(　　)輪輪胎輪圈型式								
23.車身外部燈光								
24.儀錶及喇叭作用								

全車檢修表(續)

檢修項目 (監評人員依試題說明勾選 10 項)	檢修結果 (應檢人填寫)				評審結果 (監評人員填寫)			
	正常	不正常	不正常狀況		故障原因		處理方式	
	以 ✓ 勾選		故障原因	處理方式	合格	不合格	合格	不合格
25.雨刷及噴水作用								
26.冷氣系統作動 (壓縮機、鼓風機、冷卻風扇)								
27.電動窗作用								

故障設置項目：(由監評人員於應檢人檢定結束後填入)

檢修項目 1.＿＿＿＿＿＿＿＿＿＿＿＿　　　檢修項目 2.＿＿＿＿＿＿＿＿＿＿＿＿

汽車修護乙級技術士技能檢定術科測試試題

第5站　全車綜合檢修　　　　答案紙(發應檢人)　　　　(第4頁共4頁)

姓　　名：_____　檢定日期：_____　監評人員簽名：_____

檢定編號：_____　題號／崗位：_____

(三) 領料單

說明：1. 應檢人應依據故障情況必須先填妥領料單後，向監評人員要求領取所要更換之零件或總成(監評人員確認領料單填妥後，決定是否提供應檢人零件或總成)。

　　　2. 應檢人填寫領料單後，要求更換零件或總成，若要求更換之零件或總成錯誤(應記錄於評審結果欄)，每項次扣2分。

　　　3. 領料機會最多5項次。

項次	零件名稱(應檢人填寫)	數量(應檢人填寫)	評審結果(監評人員填寫)
1			☐ 正　確 ☐ 錯　誤
2			☐ 正　確 ☐ 錯　誤
3			☐ 正　確 ☐ 錯　誤
4			☐ 正　確 ☐ 錯　誤
5			☐ 正　確 ☐ 錯　誤

汽車修護乙級技術士技能檢定術科測試試題

第 5 站　全車綜合檢修　　　　　　**評審表（發應檢人、監評人員）**

姓　　名：＿＿＿＿＿＿＿＿　　檢定日期：＿＿＿＿＿＿＿＿＿＿

檢定編號：＿＿＿＿＿＿＿　　監評人員簽名：＿＿＿＿＿＿＿＿

得	
分	

評　　審　　項　　目		評　　　　　定		備　　　　　註
		配　分	得　分	
操 作 測 試 時 間	限時 30 分鐘。			
一、工作技能	1. 正確填寫進廠環車檢查表(設置項目 1)	2	（　）	依答案紙(一)
	2. 正確填寫進廠環車檢查表(設置項目 2)	2	（　）	依答案紙(一)
	3. 完成所有環車檢查項目	2	（　）	
	4. 環車檢查完成後，立即請車主簽名	1	（　）	依答案紙(一)
	5. 正確依全車檢修程序檢查、測試及判斷故障，並正確填寫故障原因(檢修項目 1)	4	（　）	依答案紙(二)及操作過程
	6. 正確依工作程序調整或更換故障零件，並正確填寫處理方式(檢修項目 1)	4	（　）	依答案紙(二)及操作過程
	7. 正確依全車檢修程序檢查、測試及判斷故障，並正確填寫故障原因(檢修項目 2)	4	（　）	依答案紙(二)及操作過程
	8. 正確依工作程序調整或更換故障零件，並正確填寫處理方式(檢修項目 2)	4	（　）	依答案紙(二)及操作過程
	9. 全車檢修工作全部完成且系統作用正常	2	（　）	
二、作業程序及工作安全與態度(本部分採扣分方式)	1. 更換錯誤零件	每項扣 2 分	（　）	依答案紙(三)
	2. 非屬設置之環車檢查項目、全車檢修項目錯誤(含答案填寫及操作)	每項扣 2 分	（　）	
	3. 環車檢查時使用葉子板護套或未使用方向盤護套、座椅護套、腳踏墊、排檔桿護套等，違者每項扣 1 分，最多扣 5 分。	扣 1～5	（　）	依答案紙(一)(二)及操作過程進行扣分並記錄事實
	4. 全車檢修時未使用葉子板護套、方向盤護套、座椅護套、腳踏墊、排檔桿護套等，違者每項扣 1 分，最多扣 5 分。	扣 1～5	（　）	
	5. 工作中必須維持良好習慣(例：場地整潔、工具儀器不得置於地上等)，違者每次扣 1 分，最多扣 5 分。	扣 1～5	（　）	
	6. 使用後工具、儀器及護套必須歸定位，違者每件扣 1 分，最多扣 5 分。	扣 1～5	（　）	
	7. 有不安全動作或損壞工作物(含起動馬達操作)，違者每次扣 1 分，最多扣 5 分。	扣 1～5	（　）	
	8. 不得穿著汗衫、短褲或拖、涼鞋等，違者每項扣 1 分，最多扣 3 分。	扣 1～5	（　）	
合　　　　　　　　　　　　　　　　　　　計		25	（　）	

乙級
汽車修護
術科實作評分本

術科實作評分本

7623201